唔！眼睛看不清楚耶……

奇怪！我變胖了？

最開心の老犬生活完全指南

愛犬之友編輯部 編著
佐佐木彩子 監修 林芳兒 譯

犬もよろこぶシニア犬生活

可以吃飯飯了嗎？

「我老了，但依然愛你！」

陪伴毛小孩，走到牠生命的最後一天

家中有年長者的讀者們，一定都有過這樣的經驗吧！人類在步入晚年之後，想吃的、想做的事情都會和以往有所不同，狗狗們當然也是如此。隨著年齡增長，狗狗的身心也會產生劇烈的變化，這時，如果飼主仍按照以往的模式與牠們相處，狗狗可能會產生厭惡感，甚至出現一些問題行為也說不定。家有老犬的飼主們請不要過度擔心！其實，只要觀察愛犬老後的變化，再配合這些變化逐步改變與愛犬的相處模式，就可以像過去一樣，與愛犬開心地相處了。

如何察覺狗狗老後的變化呢？狗狗們雖然不會說話，但一定會以叫聲的變化或視線的移動方式向你透露訊息，像是：「我喜歡這個！」、「我討厭這個！」、「口渴了。」、「這裡好痛……」等等。身為狗狗親愛家人的你，只要多留意，就能發現這些細微變化，察覺狗狗的心情。

狗狗老化，行為也會出問題！
用心察覺異狀，減輕毛小孩負擔

本書將狗狗的老化警訊分為「心理的變化」、「身體的變化」、「行為的變化」三方面介紹，這三者之間有著密不可分的關係，常會互相衍生，嚴重時就會導致問題行為的發生。

例如：「腰很痛」→「不喜歡被碰到腰」→「一碰狗狗腰部，牠就會低吼」→「慢慢出現攻擊行為，無法抱牠去看醫生」→「腰部症狀惡化」→「低吼得更厲害」……。

就像這樣，狗狗「身體」的老化有時會連帶產生「心理」和「行為」的變化。如果能在老化初期就察覺狗狗的身體變化，並加以改善，就能減少狗狗的痛苦，飼主照護時也會輕鬆許多。

丟球球給我嘛～

好想睡午覺噢！

毛孩子個性、情況大不同！
過度執著，反而會造成狗狗「心理壓力」

我曾經對家中有老犬的飼主們做了一份問卷調查，詢問飼主在照顧老犬時，有哪些煩惱或需要特別注意的事，結果發現當中雖然有不少共通點，但因為每隻狗的個性不同，所處的環境也大不相同，照護方式自然也有所出入。

因此，本書介紹的照護方法和狗狗的抗老運動，充其量只是專業建議，配合自家愛犬的習性與症狀，並考量飼主自身的生活習慣，找出最適合的照顧方式，才是最理想的。

另外，我必須事先提醒：不一定要照著書中內容按表操課、逐一實行，因為飼主如果太過執著，拚命照顧，也可能對狗狗造成心理負擔。狗狗想要的其實只是飼主的笑容和溫柔的陪伴而已，試著找出雙方都覺得自在的照顧方式，和往常一樣，陪伴毛小孩開心地過生活吧！

推薦序

擁有最後一段美好的回憶

養寵物最折磨人的就是「告別」，牠們的一生比人類短太多，也幸虧有牠們的出現，每一個再見都讓我對生命和死亡有新的認識，也瞭解到自己可能永遠學不好這一課。看著寵物不斷衰老的身體，生活漸漸無法自理、吃飯走路變得困難，卻不知道該怎麼幫助牠，想到這些就覺得很害怕。

在收容所撞見過這種場景：一家人帶著一隻老狗來棄養，老狗表情一臉茫然，聽不到也看不清，嗅覺也不好了，呆呆地被牽或抱進籠子裡，完全不懂發生了什麼。也遇過因為癌症末期，被送進收容所的吉娃娃，主人不想面對牠的死亡，於是選擇逃避，這些決定對狗、對人都太殘忍了！

關於寵物的衰老，不只我們很難面對，其實狗狗、貓咪也會不安。為什麼以前跳得上去的桌子現在上不去了？為什麼主人回來時站不起來迎接他？年老對牠們是新體驗，所以很高興有這本書的出現，教我們如何陪牠一起經歷這些。幫助牠過得更舒服、心情愉快，讓生命最後一段時光也是充滿溫暖和愛的。老狗不是累贅，是家裡的寶。我們一起製造更多美好回憶，不要有遺憾。

電影《十二夜》導演 Raye

本書登場の狗狗們

（依五十音順序排列）

阿尼斯

紅豆

艾菲爾

Angel

蓋斯

Candy

小庫

栗子

Santa

果醬

賽門

Cherry

啾比

小花

小光

噗噗

富奇

布丁

Marron

咪咪

摩卡

Mondo

萊卡

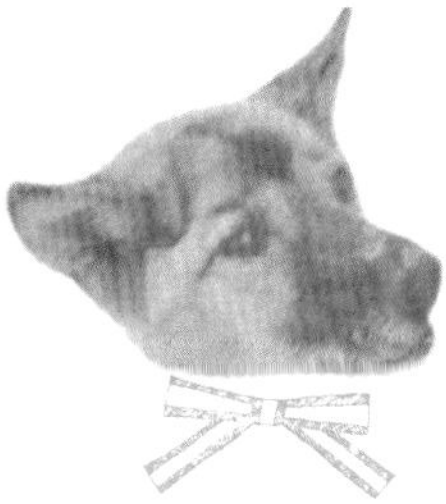

小蘭

朗朗

莉莉

小魯

Leon

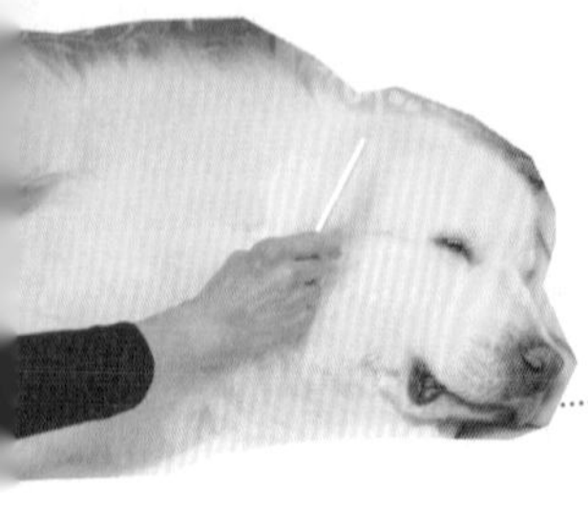

目錄

Chapter
2

陪你盡情吃喝玩樂！

Chapter 3

強化腿力，老來不臥床

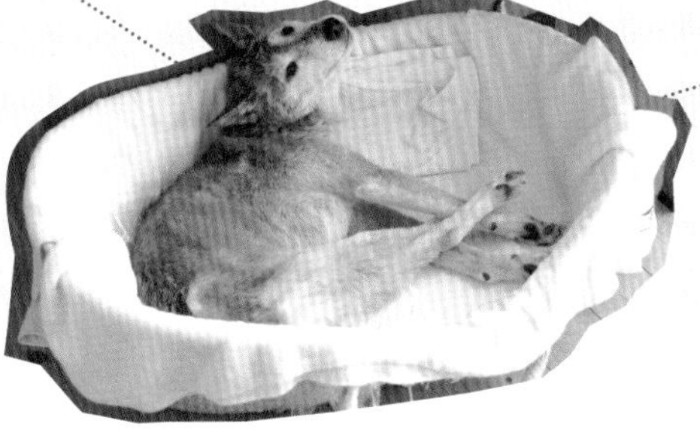

Chapter 4

最理想的老犬居家照顧

Chapter 5

如果有一天你再也走不動

Chapter 6

狗狗失智了，怎麼辦？

Chapter 7

讓我陪著你健康終老

我叫艾菲爾，
我 10 歲了哦！
咻！

Chapter 1

我家狗狗，老了嗎？

狗狗老化的徵兆其實非常容易察覺，
只要留心「身體」、「心理」及「行為」的變化，
就能看出家中愛犬老化的警訊。
傾聽牠的心聲，改變互動方式，
陪伴毛小孩渡過愉快的晚年吧！

狗狗年齡「數值化」，就能看見老化的徵兆

狗狗從幾歲開始算「老犬」呢？試著以換算表置換成人類年齡來思考看看吧！飼料或點心上註記的「老犬年齡」平均為七歲，應該有很多飼主覺得困惑不解，大呼：「我家狗狗七歲了，還是精力充沛！」其實，就算是同年齡的狗狗，老化的徵狀也會有所不同，這與狗狗與生俱來的體格等遺傳因素有關，也會受到運動量、飲食等後天因素的影響，並沒有絕對值。

狗狗の年齢換算表

	1 年	2 年	3 年	5 年	7 年	11 年	13 年
	↓	↓	↓	↓	↓	↓	↓
中小型犬	17 歲	23 歲	28 歲	36 歲	44 歲	60 歲	68 歲
大型犬	12 歲	19 歲	26 歲	40 歲	54 歲	82 歲	96 歲

三歲後狗狗「年齡簡易換算公式」

中小型犬

（狗狗年齡－ 3）×4 ＋ 28 ＝相當於人類年齡

大型犬

（狗狗年齡－ 1）×7 ＋ 12 ＝相當於人類年齡

狗狗大約在人類的 45 歲左右開始出現老化的徵兆

一般來說，小型犬和中型犬大概 7 歲開始算老犬，大型犬則是 5 歲左右，以人類來說差不多是 45 歲，也就是剛步入中年的時候。從這時開始，各種老化的徵狀就接踵而至。

小型犬和中型犬過了 3 歲之後，實際年齡會以每年 4 歲的方式逐漸增長，小型犬和中型犬的幼犬期成長速度很快，大概一年就發育得差不多了，到了成犬階段，老化的徵狀會逐漸出現。

大型犬則是幼犬期的成長速度較為緩慢，就算過了 1 歲之後，體型還是可能變大，但到了成犬階段，老化速度會急遽加速，每年以人類約 7 歲的歲數不斷增長。

Q. 為什麼狗狗年紀越大，越容易低頭走路？

A. 因為身體的平衡感逐漸改變。

嚴重駝背

頭部和尾巴日益下垂，駝背的問題也會越來越嚴重。如果飼主平常習慣從狗狗的腹部朝上抱起，不僅駝背問題會明顯加劇，背部也更容易變得僵硬。

尾巴下垂

將尾巴抬起的力量，會隨著年齡逐漸衰退。狗狗老化之後，尾巴也不再像以前搖得那麼使勁了。

頭部下垂

頭部的力量會逐漸衰退，無法順利支撐頭部，而導致狗狗低著頭走路。

後腳幅度變窄

股關節一僵硬，後腳幅度也會跟著變窄。這時狗狗走路會明顯內八。

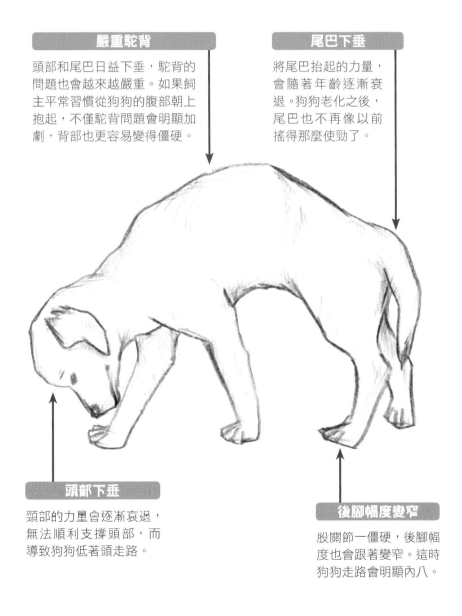

觀察11種症狀，掌握狗狗身體狀況

老化對狗狗造成的身體變化，除了顯而易見的外在變化之外，肉眼無法觀察到的體內器官，也會隨著年齡逐漸衰退。一般來說，狗狗的感知能力會依序由「聽覺」→「視覺」→「嗅覺」逐漸衰退。此外，器官的衰退也會造成行動不便，或日常生活的各種困擾，例如：因為腸胃變弱而拉肚子；心肺機能衰退而容易疲倦；因為肌肉量減少、心肺機能衰退，導致體力降低、步履蹣跚等等。

聽覺
越來越聽不清楚
嗯……
波奇！

視覺
越來越看不清楚
碰！
看不見

嗅覺
對氣味越來越不靈敏
嗅嗅
這是什麼玩意？

狗狗老化の常見症狀

1 視力衰退

狗狗不會像人類一樣得老花眼，成為老犬之後，造成狗狗視力衰退的原因大多都是「白內障」。狗狗一旦得到白內障，眼球就會變得灰白而混濁，眼中所見景色就像是隔了一層毛玻璃，模糊不清。狗狗原本就無法看見每一種顏色，單調的色彩再加上白色毛玻璃的效果，眼前景物就會更不清楚。這時，狗狗走路會開始撞到東西，連小窟窿也無法順利閃過，一不小心就會失足跌倒。

2 聽力衰退

狗狗衰老之後，聽力也會跟著降低，有時就算叫牠的名字，狗狗也不理不睬，或是熟睡到完全聽不見飼主開門的聲音。

3 毛色變白

狗狗身上的毛會從眼睛或嘴巴周遭開始慢慢變白，一段時間過後，全身的毛色就會像被冰雪覆蓋一般雪白。

4 氣管變窄

隨著年齡增長，狗狗的氣管會漸漸變成橢圓形，並且慢慢變細，呼吸開始會喘，有時甚至伴隨著咳嗽。

NOTE! 頸圈換「胸背帶」，減少負擔

成為老犬之後，狗狗的氣管會變得很細，如果還是像以前一樣用項圈繫著牠，可能會對身體造成負擔。把項圈換成胸背帶，可以讓狗狗的呼吸更順暢，也能避免在拉扯時，被項圈勒住而傷害氣管。

5 屁股萎縮

腰間的肌肉變小，也是狗狗下半身衰退的警訊之一！一旦腰部、臀部的肌肉萎縮，步伐就會跟著變窄，甚至出現拖著腳走路的情形。

6 體重急遽變化

隨著年齡增長，有些狗狗容易發胖，也有些則容易變瘦。如果食量和以前一樣，體重卻明顯增加，就是代謝變差的證據！相反地，如果正常進食卻日漸消瘦，很可能是消化機能衰退，或者是某些疾病所引起的。

7 肌肉量減少

狗狗的肌力和人類一樣，會隨著年齡的增長而逐漸衰退。此外，狗狗老化之後，睡眠的時間增長，對玩耍也會逐漸失去興趣，使得運動量相對降低，肌力也就越來越少。

肌力衰退的情況會直接反映在狗狗的臉部表情上，例如：嘴巴鬆弛、臉頰凹陷等。因為眼皮鬆弛，狗狗的眼神也會從年輕時較為銳利，漸漸演變為瞇眼微笑的模樣。

NOTE! 銀髮族狗狗最需要愛的陪伴

狗狗並不知道自己老了，所以當過去輕而易舉就能做到的事，漸漸開始做不到時，可能會不知所措或是感到悲傷。這時，不妨花時間多陪牠玩！一方面可以訓練狗狗的肌力，一方面也能讓狗狗保持愉悅的心情。

NOTE! 從飲食、運動著手，有效控制體重

想讓愛犬維持標準體重，一定要特別注意飲食控制。也可以增加狗狗的運動量，來提升代謝能力，但切記要以不增加狗狗的身體負擔為原則。

8 消化功能衰退

老化會導致狗狗的各種臟器衰退，消化功能也漸漸不比年輕時期，不僅消化酵素的分泌驟減，小腸的功能也會變差，使得吸收營養的能力也跟著變差。

9 容易吃壞肚子

比年輕時期更常因為無法好好進食，或是吃到不易消化的食物而弄壞肚子。另外，就算是輕微的壓力或身體虛寒，也比年輕時更容易造成腹瀉。

10 牙齒容易脫落

狗狗的牙齒會因為牙周病而脫落，這種情況特別容易發生在小型犬身上。其實牙齒掉了倒也還好，但如果有牙結石的話，就有罹患心肌炎等疾病的風險。

11 嚴重體臭

狗狗隨著年齡增長，散發出的體味也會越來越重。這與我們人類高齡者常有的體臭不同，狗狗的體臭大多與牙結石或內臟疾病有關。

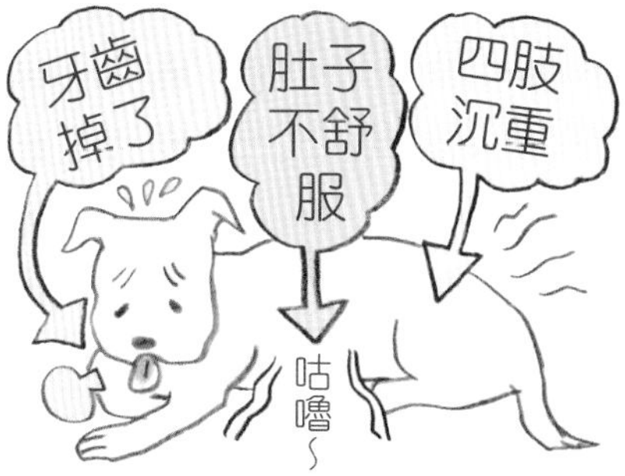

NOTE!

邊唱歌，邊幫毛小孩刷牙吧！

如果你家狗狗非常討厭刷牙，不妨試著一邊哼歌，一邊用紗布幫狗狗輕輕清除齒垢，有些狗狗會因此感染愉快的情緒，而放鬆下來乖乖地讓你幫牠刷牙。飼主可以試著用類似的方式，讓愛犬放輕鬆，減緩緊張的情緒。

小心！情緒或個性改變，也是老化的警訊

人類一旦上了年紀，個性就會出現改變，可能會變得很頑固，或是變得圓滑。狗狗也一樣，隨著年齡增長，心理也會逐漸產生變化。以下九種是最常見的改變，飼主不妨留心注意一下！

1 越來越不聽話

以前只要說「坐下」，就會立刻坐下的愛犬，是不是開始會有一兩次不再乖乖聽話了呢？變得不聽話，很可能是聽力變差，或是身體變得不像以往那麼靈活，所以沒辦法立即反應過來。

2 總是提不起勁

狗狗隨著年齡增長，眼睛和耳朵會漸漸衰退，不僅景色看起來一片霧濛濛，聽覺也會變得模糊不清，就像是被關進隔音膠囊一般，所以玩耍的意願也會慢慢降低，變得提不起勁來。

NOTE!

多帶狗狗外出走走 讓情緒煥然一新！

飼主一定希望狗狗臉上永遠有著笑容，如果狗狗一直悶悶不樂，飼主也會不自覺地跟著難過起來，所以不妨多利用時間，帶著狗狗到戶外走走，讓牠更開心吧！

3 不再開心迎接

以前只要玄關的門鈴響起，狗狗就會用力地搖著尾巴迎接主人或來訪者，但成為老犬之後就不太應門了。如果有來訪者因此擔心自己是不是被討厭了，不妨試著向他說明狗狗老後的心境變化。

4 變得很愛撒嬌

你是不是覺得狗狗撒嬌、討抱的次數增加，只要你不在身邊就會哭叫，變得比以前更愛撒嬌了呢？

狗狗會因為身體的不適而感到不安，變得越來越會撒嬌，請多留心觀察狗狗是不是有哪裡不舒服吧！

5 暴躁易怒

如果你與愛犬的接觸模式和過去一樣，愛犬卻突然露齒低吼，可能是因為牠對身體機能逐漸衰退感到焦躁，或是因為視力變差、聽力變差而感到不安。

NOTE! 留意狗狗的生活環境

飼主可以檢視一下狗狗的居住場所，例如：狗窩的軟硬度是不是狗狗喜歡的？室內的聲音夠安靜嗎？能感受到家人的存在嗎？注意一下這些小地方，打造一個能讓狗狗放鬆的環境吧！

⑥ 性格變得圓滑

狗狗成為老犬之後，可能會變得比較不排斥原本討厭的事，例如：原本很討厭散步時常會遇到的鄰居小朋友，最近卻突然與小朋友變得很要好，甚至被撫摸也不介意。這是因為成為老犬之後，狗狗對許多外在的人事物不再那麼感興趣，因此也變得比較溫和，不容易出現威嚇行為。另外，因為臉部肌肉衰退，狗狗的眼睛會越來越垂，表情看起來也會變得比較和藹。

⑦ 性格變得頑固

成為老犬之後，有些狗狗會變得很頑固，例如：完全拒絕不喜歡的東西，或堅持自己想做的事。這些改變可能只是因為狗狗感受到身體的疼痛，或是體力的衰退，而無意識地產生抗拒而已。

NOTE! 以遊戲刺激腦部，狗狗不癡呆

狗狗對事物表現出興趣缺缺的樣子，並不代表牠沒有任何慾望。如果生活毫無刺激可言，狗狗會逐漸癡呆、機能退化。適度陪著牠們玩一些可以刺激大腦的遊戲吧！這麼做也可以幫助愛犬對抗老化。

9 討厭被抱

有些狗狗會隨著年紀增長變得越來越愛撒嬌，有些狗狗則反而開始討厭被抱，這可能是身體退化而產生疼痛，不想被觸摸的部分增加的緣故。疼痛是疾病的警訊之一，請觀察狗狗被觸碰到哪些地方會產生抗拒，並即時帶牠去獸醫院檢查吧！
另外，狗狗覺得不舒服時，飼主可以觀察狗狗的反應，調整抱時的姿勢。

8 討厭梳毛、刷牙

狗狗如果比年輕時更討厭剪指甲、梳毛及刷牙，通常是有原因的！因為牙周病而討厭刷牙，替狗狗剪指甲時的姿勢不對，或是刷毛時的力道沒掌握好，都有可能會讓狗狗產生抗拒行為。

NOTE!
改變抱抱的方式吧！

以往的抱法對老犬的身體來說可能是一大負擔，即使飼主只是輕輕環抱，也會因為不小心扭曲到腰部，抱起時讓狗狗的背脊呈水平狀，枕在膝蓋上時也是一樣，一定要呈水平狀，如此才不會讓狗狗覺得不舒服。

注意！這些行為，代表牠老後加倍需要你

狗狗的心理變化和身體變化，可以直接從「行為變化」看出端倪。隨著年紀增長，過去可以做的行為，會漸漸做不到，或是不願意做。這些行為改變的背後都有原因。

1 睡眠時間拉長

隨著年齡增長，狗狗的睡眠時間會回到過去，像幼犬期那樣越拉越長。這時，千萬不要因為狗狗變得容易疲勞，而放任牠繼續昏睡下去。對狗狗來說，無論處於什麼時期，正常的生活作息都很重要，為了晚上能安穩就寢，白天還是要讓愛犬維持一定的活動量哦！

2 走路搖搖晃晃

成為老犬之後，因為下半身的肌力衰退，用來支撐身體的後腳幅度也會變得越來越窄。接著，狗狗會開始拖著腳走路，為了不讓後腳被拖著行走，狗狗會想辦法改變行走的姿勢，於是走起路來就變得搖搖晃晃。另外，有些狗狗會一邊摩擦趾甲一邊走路，也就是所謂的「地變形型脊椎症」，請飼主特別留意。

3 容易跌倒

狗狗會因為視力退化，看不見高低落差而跌倒；因為腿部肌肉退化，無法順利舉起腳來而絆倒；或是因為全身肌力衰退，在上下沙發時無法支撐體重，導致重心不穩而摔倒。

NOTE! **讓愛犬維持習慣，建立自信心**

狗狗無論到了幾歲都樂於工作。適時給愛犬工作，並在順利完成時給予讚美，狗狗就能從中獲得自信與喜悅。如果從愛犬年輕時期開始，每天都固定讓牠做某些事，例如：在早上叫醒爸爸、用餐前坐下、趴下，或握手。成為老犬之後，也讓牠繼續保持這些習慣吧！

5 不再甩動身體

狗狗洗完澡之後，通常會用力抖動身體甩開水花，成為老犬之後卻拖著濕答答的身體動也不動，為什麼會這樣呢？甩動身體這個動作需要一定的體力及平衡感，因此隨著年齡增長，狗狗可能會無法順利甩動身體，或是一甩動身體就失衡跌倒。

6 爬不上樓梯

因為四肢衰退，狗狗會漸漸無法再爬上車子或沙發等較高的地方，即使跳上去，也很容易會摔下來。此外，跳躍失敗也是狗狗腰痛的常見原因，在狗狗跳躍時，飼主不妨適時給予協助，避免發生意外。

4 躺臥時頭先倒下

這可能是腳部及腰部肌力衰退的證明，因為缺乏躺下時可以慢慢彎曲四肢的肌力，所以會從最重的頭部開始倒臥下來。不妨將地板換成柔軟且方便行走的材質，避免狗狗躺下時傷及頭部。

NOTE! 以「斜坡」輔助狗狗上下移動

可以使用木板當作斜坡，讓狗狗不用再花力氣跳上跳下。飼主不需要抱著狗狗上斜坡，請讓狗狗靠自己的力量走上斜坡，藉此提升四肢肌肉。此外，也可以在平台表面黏貼瑜珈墊，或是其他的橡膠防滑材質，避免狗狗不慎滑倒。

⑦ 常撞到東西

因為脖子肌力逐漸衰退的緣故，狗狗會時常低頭走路，使得視野變窄，再加上視力退化，看不清楚眼前的物品，所以狗狗會比以前更容易撞到東西。

⑧ 站不起來

因為肌力衰退，老犬一旦坐下，就很難再站起來，為了避免這樣的情形發生，請好好利用散步的時間，增強狗狗的肌力吧！

NOTE!

利用輔助道具，讓狗狗自己走路

有些狗狗只要能順利站立起來就能走路，如果狗狗走路時會搖搖晃晃，可以試著利用市售的步行輔助用皮帶，輔助狗狗站立。此外，如果狗狗會拖著後腳走路，則可以利用犬用輪椅，讓愛犬更自由地行動。

9 不吃的食物增加

狗狗和人類一樣，味覺會隨著年紀增長而變化，原本愛吃的東西，有可能在成為老犬之後就突然不愛吃了。此外，也可能因為嘴巴內部疼痛，或是吞嚥能力變差，而突然對愛吃的食物喪失興趣。飼主除了注意食物的味道之外，也要留意食物的硬度，是否適合上了年紀的狗狗。

10 亂溺尿的頻率增加

如果家中愛犬已經養成在戶外廁所等固定場所尿尿的習慣，隨著年紀的增長，失敗次數也可能會逐漸增加，甚至因為腰腿肌力衰退，還未抵達目的地就漏尿了。另外，疾病也可能讓狗狗開始頻尿，所以當發現愛犬隨地便溺時，先別急著責備牠，試著找出原因吧！

NOTE! **小祕訣，減少狗狗「亂尿問題」**

曾經受過如廁訓練的狗狗，老化之後很可能因為無法順利在正確的地方上廁所而感到沮喪，為了避免這樣的情形發生，飼主可以多下一些工夫，幫助愛犬減少如廁失敗的尷尬，例如：拉近愛犬睡覺的地方與廁所之間的距離，或是將愛犬討厭的東西放在不可以如廁的地方等等。

找出問題癥結點，給狗狗一個安穩的晚年

狗狗心理、身體與行為的變化，絕對不是單一因素所造成的。試著將這些變化連結起來，就可以看出背後的成因，並且更加理解狗狗的情緒。

飼主應時時觀察愛犬的變化，抱持疑問並努力找出背後的成因。要一次改善「心理」、「身體」、「行為」三方面的變化也許很困難，但只要能設法改善其中之一，就可以斬斷惡性循環，進一步找出問題的癥結點。

下圖是兩種最常見的惡性循環模式，只要能對應其中一種，就能慢慢找出解決之道。

常見的兩種惡性循環

身體
肌力隨著年齡增長而衰退，走路開始變得困難
心理
漸漸失去自信，接著因為怕麻煩而變得不想動
行為
睡覺的時間變長，運動量越來越不足

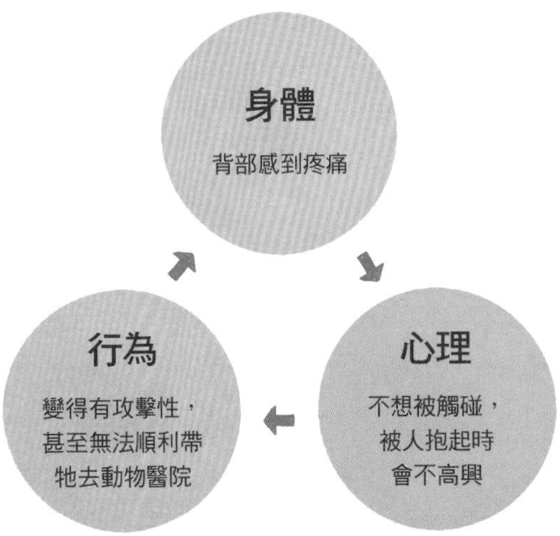
身體
背部感到疼痛
心理
不想被觸碰，被人抱起時會不高興
行為
變得有攻擊性，甚至無法順利帶牠去動物醫院

培養好習慣，伴狗狗渡過愉快晚年

✕

狗狗不想出門
所以不再帶牠去散步

○

試著找出原因，如果身體出現問題就盡快就醫；如果身體狀況良好，為了避免囤積壓力，還是花點時間帶愛犬出外走走吧！

✕

狗狗年事已高
沒必要和其他狗朋友見面

○

即使不再像以前那樣玩耍，狗狗之間的對話還是非常重要。就算只是在附近散步，讓愛犬確認其他狗狗的存在也是良好的刺激。

✕

狗狗變得很愛睡
就放任牠昏睡下去

○

如果不是生病，為了避免運動量不足，也為了讓愛犬能一夜好眠，不妨適時叫醒牠，進行一些互動。

✕

狗狗對事物興趣缺缺
不再拿玩具和牠玩

○

狗狗無論到了幾歲，都還是非常喜歡玩耍，為了避免愛犬癡呆，可以尋找能讓牠感到開心的方式跟牠玩耍。

CASE 1 14歲米格魯

咪咪の生活

本文摘錄於《愛犬之友》2011 年 6 月號

鈴木AZUSA小姐
（居住於北海道旭川市）
咪咪（米格魯／14歲／母）
Lunch（米格魯／5歲／母）

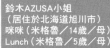

▲咪咪幾乎天天都在睡，看起來睡得很香、很舒服。

十四歲的米格魯咪咪，大約從兩年前開始出現顯著的老化症狀，一天當中，約有一半的時間都在睡覺。每次下班回到家中，咪咪都沒有注意到鈴木小姐已經回家，依舊沉睡著，有時甚至連喊牠的名字也沒反應，幾次都讓鈴木小姐以為咪咪死了，慌張地搖晃牠的身體，咪咪才如大夢初醒般睜開雙眼。鈴木小姐笑著說：「在搖晃咪咪當下，可以明顯感受到牠的體溫，雖然知道應該不會有事，但還是覺得很緊張。」

最近，咪咪的後腳漸漸使不上力，走沒幾步路就雙腳發抖，因此散步時間必須與Lurch分開進行。因為肌力退化的關係，咪咪亂大小便的次數也增加了，即使鋪上了尿布墊，牠還是會在尿布墊以外的地方大小便。鈴木小姐常在早晨腦袋還不太清醒時踩到咪咪的大便，為了能隨時清理牠的大小便，擦拭用的抹布、尿布墊、除臭劑等，都準備了好幾份，分別放在家中幾個方便拿取的地方。

咪咪有甲狀腺機能障礙的問題，但因為有按時吃藥的關係，症狀已經獲得控制。在診斷出甲狀腺問題之前，鈴木小姐與咪咪曾經走過一段既漫長又艱辛的道路。兩年前的某一天，咪咪忽然無法動彈，腹部兩側各長出了一顆球狀的凸出物，到動物醫院陸續做了超音波、X光及各樣血液的檢查，還是找不出病因。

▲每天用護腳霜來替咪咪按摩腳底。

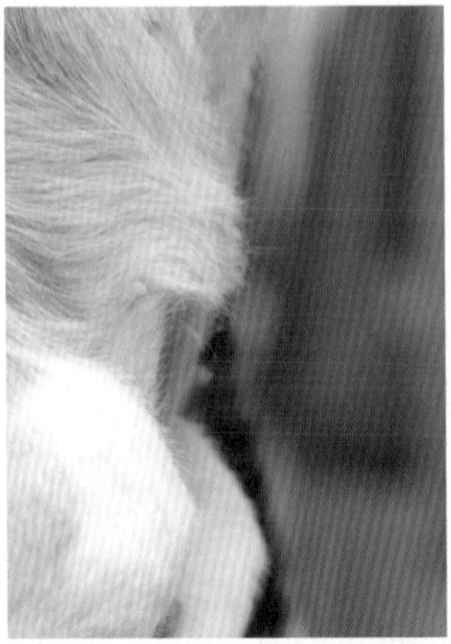

為臍疝毛病所▶
苦的咪咪。

▲咪咪變得很容易頻尿，常常需要清潔。

▲咪咪不喜歡吃藥，所以得以磨藥器搗成粉狀放入食物處理機。

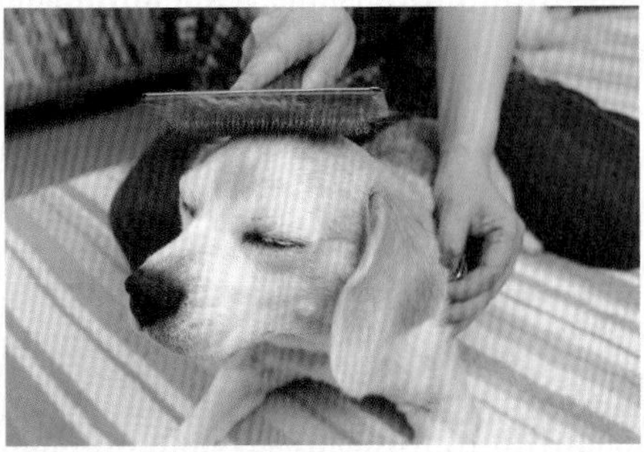

▲梳毛時，咪咪看起來很舒服。

▲吃飯時不用餐桌就會噎到，不過食慾還是很旺盛！

▲咪咪討抱的情況增加，躺在咪咪前面的是 Lunch。

▲這裡是咪咪感到最放鬆的地方。

就在鈴木小姐準備帶咪咪到札幌接受核磁共振檢查之際，咪咪因為誤食巧克力必須接受腹部及臍疝手術，才意外檢驗出腹部兩側的腫瘤，其實是甲狀腺機能障礙所造成的。之後透過定期投藥，咪咪的症狀改善不少，但鈴木小姐那段時間可是吃盡了苦頭，經常為咪咪而請假。或許是因為在幼稚園任教，經常需要照顧孩子們的關係吧！鈴木小姐在描述這段辛苦的日子時，顯得相當的平靜。

為了減緩咪咪老化的情況，在牠九歲左右，鈴木小姐迎接米格魯 Lunch 成為家庭成員之一，受到活潑 Lunch 的影響，咪咪開始變得比較有活力，原本不愛撒嬌的牠，也在新成員加入之後，變得愛撒嬌了起來。

然而即便如此，咪咪的老化狀況還是逐步惡化，鈴木小姐為此相當憂心。為了幫助咪咪安然地渡過晚年，鈴木小姐開始參加動物醫院主辦的「老犬教室」，在那裡她學到了能刺激狗狗大腦的猜謎遊戲、護腳霜的製作方法，以及腳底按摩的訣竅。咪咪到了冬天，腳底總是非常乾燥，學到這些方法之後，鈴木小姐也可以開始為咪咪保養腳部了！

接下來，鈴木小姐還想參加狗狗照護用品製作的相關課程，在擬定咪咪的老化預防對策的同時，她衷心期盼咪咪和 Lunch 能永遠健康快樂。

我叫做小庫，
今年 9 歲，大家都說
我的屁股很可愛。
悠哉

Chapter 2

陪你盡情吃喝玩樂！

吃飯、睡覺、玩樂是「狗生三大事」，
但狗狗花在這些事情上的時間，
卻會依幼犬、成犬、老犬等不同時期而異。
飼主只要留意狗狗的狀況，配合年齡及健康狀態做調整，
就可以讓毛小孩過更開朗、健康的生活了！

狗狗晚年發福或激瘦，要先從飲食改善！

狗狗最愛「吃」了！雖然也有少部分的狗狗食量很小，但絕大多數的狗狗從幼犬時期起，就因為想吃點心，而學會了許多生活規則或才藝。

可是，在步入老年之後，狗狗就算和以往吃同樣分量的食物，體重也可能會出現明顯的變化，或是對食物的喜好產生改變。狗狗成為老犬之後，飼主應該多加留心這些變化，重新審視愛犬的飲食情況。

至於是否需要重新審視每日的飲食，要以愛犬的個別狀況而定。首先，請先掌握愛犬平時的狀況，例如：一天吃多少飼料或點心、飲水量的多寡，如果每天的飲食狀況都有出入，可以試著替愛犬寫「飲食日誌」來掌握每週的平均數值。

狗狗和人類一樣，也可能會「中年發福」，因為代謝變差，或運動不足等理由，明明飲食分量和過去一樣，身體卻開始發胖。這時候，請不要減少狗狗的飯量，建議改從飲食的「質量」下手，維持狗狗的基本營養。

相反的，有些狗狗會因為消化與吸收機能衰退而變瘦，狗狗日漸消瘦也有可能是其他疾病的警訊，因此可以針對愛犬的狀況，找熟悉的獸醫師討論看看！

階段性更換「老犬飼料」

每隻狗狗對新飼料的適應狀況都不同，飼主可以一邊觀察，一邊慢慢地為愛犬更換飼料，例如：第一天【只吃舊飼料（100％）】→第二～三天【吃舊飼料（90％）＋老犬飼料（10％）】→第四～五天【吃舊飼料（80％）＋老犬飼料（20％）】，以此類推。

像這樣慢慢增加老犬飼料的比例，約兩到三週就能完全更換成老犬飼料。如果更換途中狗狗出現糞便變稀的情況，請回到上一個比例，慢慢調整。

愛犬突然吃不下，該怎麼辦？

狗狗步入晚年之後，過去原本愛吃的食物或點心，可能某天突然就不吃了。這時，你一定會為愛犬感到著急吧！不妨先試著觀察牠的飲食情況，找出問題所在。狗狗現在的牙齒狀態，也許已經無法再咀嚼太硬的食物，或是食物的大小對現在的牠來說難以下嚥，也有可能是疾病使得食慾降低。總之，先觀察狗狗的情況，再對症下藥吧！

這麼做，幫狗狗瘦下來！

如果狗狗體重過重，請在可以負荷的前提下，增加狗狗的運動量，或是藉飲食控制幫狗狗減重，例如：減少點心的量、將點心換為熱量較低的食物，或是一吃點心就減少正餐的量。請盡量讓狗狗每日的總熱量維持不變，如果狗狗還是變胖，就要檢視一下飼料是否合適了。

蔬菜加量，狗狗好健康

可以在狗狗的飼料裡添加水煮蔬菜，例如：能增加飽足感的高麗菜、白蘿蔔等。選用食材時要特別注意，不要給狗狗吃醣類成分過高的食物，像是芋頭或水果，請不要一次給予太多，以免對狗狗的身體造成負擔。

替狗狗加菜

讓老犬頭好壯壯の四大類食物

【增強免疫力】

蘋果、菠菜、花椰菜、綠黃色蔬菜、番茄、鮭魚、菇類、麵線、大豆、藍莓、豆腐、芋頭、穀類、燕麥、納豆

※ 維生素 A、C、E 和植化素可以去除體內的活性氧，為了維持免疫力，請讓狗狗多攝取這些抗氧食材吧！

【維持肌肉量】

豬肉、魚、牛肉、雞肉、羊肉、大豆、豆腐、雞蛋、納豆

※ 胺基酸具有維持肌肉量的效果。

【強化骨骼】

雞蛋、優格、海苔、紅豆、蠶豆、豌豆、芝麻、肝臟、柴魚片、小魚乾

※ 讓狗狗多攝取鈣質、各種胺基酸及礦物質吧！但要注意控制鹽分及磷的攝取量。

【毛色健康亮麗】

竹筴魚、鮟鱇、鰻魚、沙丁魚、鰹魚、鮭魚、鯖魚、鰆魚、秋刀魚

※ 富含 DHA、EPA 的青背魚，具有毛色亮麗的效果，還能預防癡呆。

這樣料理，狗狗胃口大開！

如果狗狗不太愛吃飼料，不妨試著改變菜色，或是替食物增添一點香氣吧！狗狗食慾不振，有可能是疾病的警訊，也可能是嗅覺衰退所造成的老化現象。過去覺得香噴噴的東西，現在聞起來不那麼香了，狗狗的食慾自然就會降低。

增加狗狗食慾的2個小技巧

「微波加熱」產生香氣

狗狗老化之後，會因為嗅覺衰退而無法聞到食物的香氣，這時可以稍微加熱食物來增強香氣，增進狗狗食慾。

以「優格水」維持飲水量

如果狗狗飲水量減少，可以攪拌一些無糖的原味優格來增加氣味，讓狗狗變得願意喝水。加有優格的水如果沒喝完，一定要馬上收起來，避免長時間放置而變質。

狗狗吞嚥功能退化，該怎麼辦？

狗狗因為老化的關係，吞嚥能力會逐漸衰弱。因為不像人類能「以碗就口」，狗狗們多半必須低頭進食，在違反重力的情況下，久了必然會影響吞嚥能力。

如果是乾飼料，可以用熱水浸泡，冷卻之後再碾碎餵食；如果想將飼料搗成糊狀，可以運用研缽和杵再攪拌一下。

狗狗的碗如果以前是放在地板上，可以改放在稍高的地方，以方便狗狗進食。狗狗進食時，體重會比平常站立時更壓迫前腳，因此也可以在狗狗腳邊放一些止滑的物品，以避免狗狗腳滑。

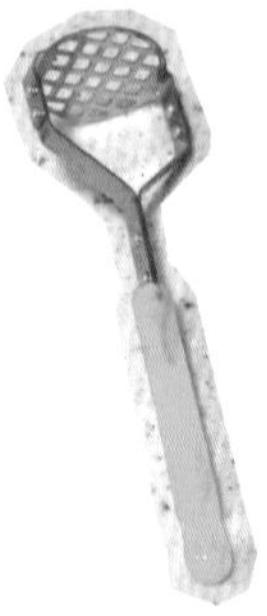

Q 飲食大哉問 1

「狗狗吃到一半噎住，怎麼辦？」

A 有時狗狗吃到一半，會突然很不舒服似地發出「咯」的聲音，這可能是飼料卡在喉嚨裡所造成的。這時，請一面摩擦狗狗的背部，一面觀察狀況，如果沒有好轉，請立刻送醫。飼主可以藉由調整狗碗的高度，或是將飼料泡軟來避免類似情形的發生。

自製簡易餐台 避免狗狗噎食

可以將盆栽架墊在狗碗下方，或是將幾本不用的舊書堆疊起來，當作狗狗的餐台，就能避免狗狗低頭進食時噎住。

Q 飲食大哉問 2

「狗狗腸胃出問題，怎麼辦？」

A 狗狗隨著年紀增長，很容易因為喝到冷水、吃到陌生食物，或是環境發生變化而產生身心不適應感，腸胃也就因此出問題。飼主必須多加留意，不要讓狗狗的飲食出現太大的變化。如果狗狗腹瀉持續一天以上，就要立刻就醫。

Q 飲食大哉問 3

「狗狗把食物吐出來，怎麼辦？」

A 要視嘔吐情形而定，吃下去馬上就吐出來和隔一陣子之後才吐出來的原因不同。如果狗狗發生嘔吐的情形，請先讓牠的胃休息數小時，再試著餵食看看，如果再次嘔吐，就是罹患了腸胃炎或腸閉塞等疾病，請立刻前往動物醫院就醫。

狗狗嘔吐的常見主因

『吃完馬上吐』

反射性的嘔吐、腸閉塞等

『隔了一陣子才吐』、『吐出胃液』

空腹、腸胃障礙、胃酸過多、胃潰瘍、消化不良、尿毒症、胰臟炎等

改善腸道健康的「營養雞肉粥」

可以試著餵食加有雞肉的粥來改善狗狗腸胃不適的狀況。

適時吵醒牠，避免狗狗倦怠、嗜睡

還有好多沒吃，
可是我已經吃不下了……
Zzzz…
咕噥～

狗狗成為老犬之後，睡眠時間會漸漸拉長，可以放任牠就這樣昏睡下去嗎？

「睡眠」對人類或狗狗來說，都是非常幸福的時光，懶洋洋地睡個舒服的午覺，或是吃飽飯之後稍微躺一下，都能讓身心放鬆下來。

狗狗的睡眠時間會隨著年紀增長而越來越拉長，應該有不少飼主看著狗狗可愛的睡臉，就不忍心吵醒牠吧！不過，白天睡得越多，晚上就會越睡不著覺，甚至還可能導致運動量不足或食慾不振。

維持良好作息，狗狗老來不癡呆

狗狗半夜醒來時，如果發現飼主還在睡覺，會感到非常寂寞；同樣的，飼主白天醒來時，看到狗狗滿臉倦怠的痛苦表情，也會覺得難過。

對狗狗來說，能和飼主擁有相同的生活作息是一件相當幸福的事，為了讓狗狗在夜晚能安穩入睡，飼主不妨在白天適時地叫醒狗狗，跟牠說說話，或是給牠一點小點心，和牠一起出去散步也是個不錯的方法。

如果失去分辨白天與夜晚的能力，狗狗就很可能陷入癡呆的危機，為了避免這種情形發生，飼主除了要留意狗狗的身體狀況，也要讓狗狗保持良好的生活作息。讓狗狗在白天盡情地玩耍吧！如此一來，到了夜晚就會因疲憊而自然入睡了。

狗狗不論幾歲，就是要盡情玩樂！

晴天

到戶外呼吸新鮮空氣，觀看各種事物，到處嗅嗅聞聞，尋找有趣的東西，或是認識新朋友，都能刺激狗狗的大腦，讓狗狗的身心煥然一新！

❶散步新路線

偶爾也可以帶狗狗走不同的路線，藉由這些小改變刺激狗狗的大腦。也可以偶爾帶狗狗走緩坡，增加運動強度。值得注意的是，有些狗狗一旦改變路線就會產生心理壓力，請視狗狗的個別情況，決定是否更改散步路線。

❷野餐去

帶狗狗到公園野餐吧！曬曬太陽、接觸新環境，對狗狗來說都是良好的刺激。有些食慾不佳的狗狗，甚至會因為接觸新環境，而開始恢復食慾呢！

❸出遠門

老是看著同樣的景色，狗狗也會覺得膩，偶爾帶狗狗搭車或坐電車到稍微遠一點的地方散散心，看看不同的風景吧！

❹尋找新刺激

雖然睡眠品質和運動同樣重要，但偶爾帶愛犬看看新景色、交交狗朋友，或是試著讓陌生人撫摸，都能擺脫精神上的疲勞，讓狗狗覺得開心。在合理的範圍內，每天給予狗狗生活刺激，就能讓狗狗更有活力！

在室內充分運動

雨天

不是只有天氣好時才能和狗狗玩耍，雨天也要和狗狗一起開心地玩！在室內和狗狗玩些可以活動筋骨、刺激大腦的小遊戲吧！

❶ 尋寶遊戲

將食物切成小塊，以直線的方式沿路放在門口、走廊、房間等各處，讓狗狗一一找出來。尋寶遊戲可以訓練狗狗的視覺和嗅覺，達到抗老的效果。

❷ 動動腦

運用大腦的遊戲所產牛的疲勞，能幫助狗狗夜晚安然入睡。將飼料放入寶特瓶中，讓狗狗思考如何取出，對狗狗來說是個可以好好鍛鍊腦部的遊戲。

飼主也可試著活用市售的玩具球或益智玩具，讓狗狗動動腦，以防止癡呆。

❸ 你丟我撿

這個遊戲能鍛鍊狗狗的腰腿。本來對周遭事物興趣缺缺的狗狗，有時會因為看見新玩具而提起興趣，飼主可以偶爾添購新玩具來和狗狗玩耍，提升玩耍的動力。

狗狗の打招呼

我可以看看你嗎？
覺得緊張
聞聞
站定
我已經記住你了
下次見！

認識狗朋友

❶和其他狗狗打招呼

狗狗之間會透過動作傳遞訊息或是進行對話，讓狗狗在散步途中和其他狗狗打招呼吧！不過狗狗之間也有個性合不合的問題，請先跟對方的飼主打聲招呼，接著觀察狗狗接觸時的情緒變化，在不勉強的範圍內慢慢接近看看。

❷和其他狗狗一起玩

狗狗在與其他狗相會時，有嗅聞對方屁股或生殖器氣味的習性，似乎很在意對方是否為異性。可以偶爾帶愛犬到寵物公園，和同性互相玩鬧，或是偶爾讓狗狗和異性一起玩。

❸認識同種類狗狗

雖然每隻狗狗都有自己獨特的性格，但同種類的狗狗之間，還是有較多的相似性，通常會比其他種類的狗狗更合得來，玩耍方式也比較相像。

❹認識同年齡狗狗

幼犬比較會胡鬧，成犬比較天真活潑，老犬則有點老態龍鍾。讓愛犬與年齡相仿的狗狗相處吧！同年紀的狗狗行為模式相近，不僅能心平氣和地打招呼，也比較容易對同樣的東西產生興趣，可以開心地一起玩耍！

❺ 迎接新同伴

家中出現新的狗狗時，愛犬會開始在意起很多事，如果對方是幼犬，情況會更加明顯。幼犬的行為毫無規則可言，常會做出一些令人意想不到的事，像是咬著東西不放，或是搶奪食物等，對老犬來說也算是不錯的刺激。

新成員加入の好處

迎接新來的幼犬，可以讓老犬的生活充滿生氣，牠可能會對淘氣的幼犬生氣，或是看到幼犬哭泣而感到擔心，生活變得忙碌起來。母犬甚至會發揮母性，開始照顧起其他狗狗，但不論公母，許多老犬在迎接幼犬同住之後，都會變得比以前活潑有朝氣。另外，有些狗狗原本不喜歡散步，等到新成員加入之後，散步的意願就提高了。

新成員加入の壞處

如果是愛撒嬌的狗狗，有時看到飼主的注意力都放在新來的狗狗身上，難免會覺得很寂寞。因為幼犬還需要人照料，飼主容易不自覺地過於關注牠們。有些狗狗會覺得原本飼主是屬於自已的，但那份愛卻被幼犬奪走，性格會因此變得陰沉。請先仔細評估狗狗的性格，再好好考慮是否要迎接家中新成員。

刺激腦部四大遊戲，狗狗不癡呆

「我家毛小孩最近好像常放空耶！」如果發生這樣的情形，代表愛犬已經開始有癡呆的徵兆。一旦開始癡呆，狗狗會連最愛的遊戲都提不起興趣，為了和愛犬開心玩耍，飼主平時就得為愛犬進行預防癡呆的小運動。

接著介紹可以與愛犬同樂的「頭腦體操遊戲」。能訓練狗狗大腦的遊戲，必須具有運用「眼睛」、「鼻子」、「耳朵」等感覺器官，及「讓狗狗思考並想出答案」這幾項特點。飼主不妨常和愛犬一起進行這些鍛鍊大腦的小遊戲，幫助愛犬遠離癡呆。你也可以從這些遊戲中，找出最能讓家中愛犬樂在其中的遊戲，並配合愛犬的身體狀況進行調整。

運用眼睛

讓狗狗用眼神追逐東西，並讓牠有所反應的遊戲。

運用鼻子

讓狗狗聞氣味找出點心位置。

運用耳朵

讓狗狗對聲音有反應的遊戲。

運用頭腦

讓狗狗思考怎麼做才能得到點心，或是靠自己找出答案的遊戲。將點心放入市售的玩具球或益智玩具內讓狗狗尋找，就是個能有效訓練大腦的運動。

NOTE!

食物添加「青背魚」，預防癡呆最有效

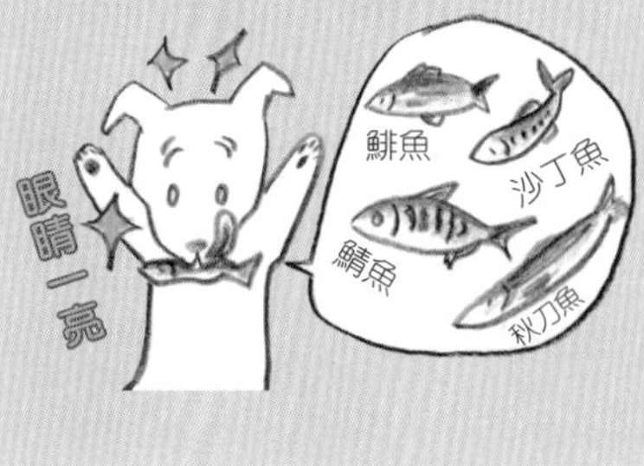

富含不飽和脂肪酸（EPA、DHA）的青背魚，具有讓大腦細胞膜軟化、情報傳達順暢，以及大腦活化的效果。狗狗上了年紀之後，在飲食中添加鯖魚、秋刀魚等青背魚，就能有效避免癡呆。

點心，在哪裡？

轉轉眼球伸展操

狗狗的運動能力中，負責管理調節能力、平衡感及視覺的，就是「小腦」。接下來介紹的是運用點心簡單鍛鍊小腦的遊戲。

1

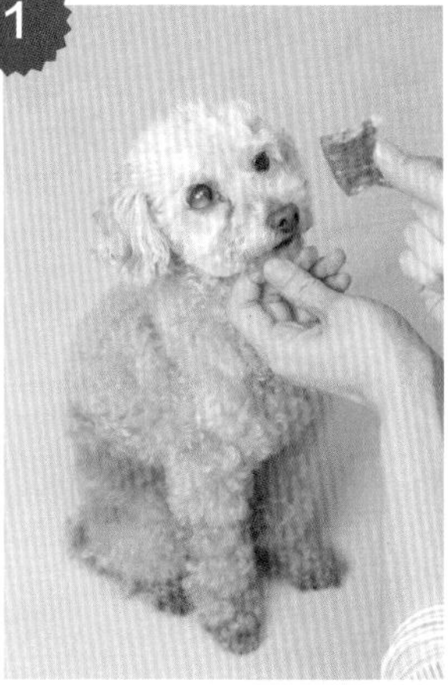

輕輕地抓住狗狗的鼻尖或下巴，讓他看著最愛的點心。如果狗狗不喜歡被抓住鼻尖或下巴，就讓牠簡單的握個手，然後讚美牠並給予點心。

2

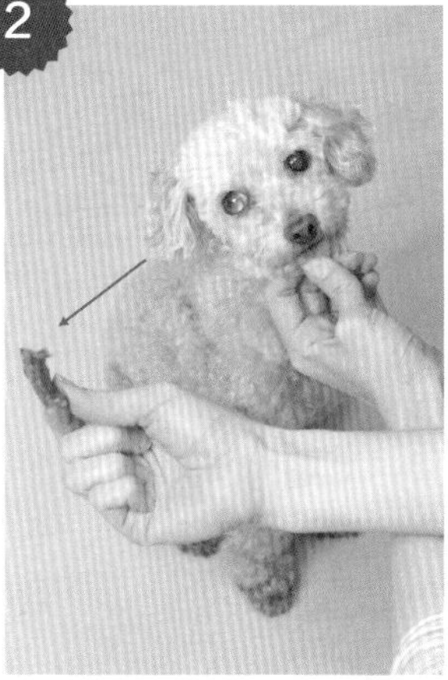

手拿點心慢慢往左移動，如果狗狗眼神跟著點心追逐，就出聲讚美牠一下。

3

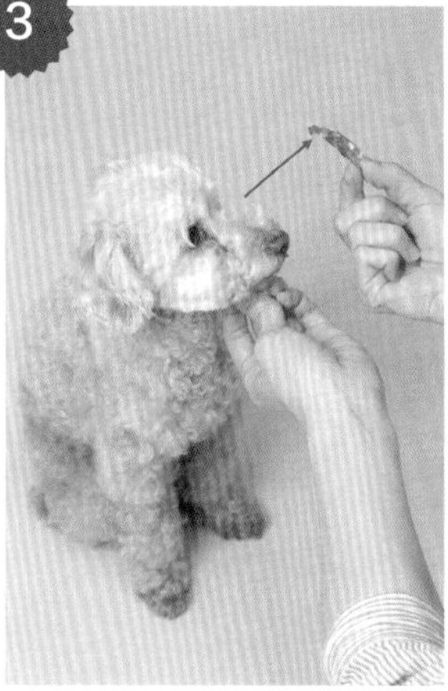

接著，手慢慢往右移動。如果狗狗從頭到尾一直盯著點心，就出聲讚美牠。盡量讓狗狗的頭部保持不動，只移動眼睛，如此一來才能有效鍛鍊小腦。

NOTE!

眼球伸展操の效果

狗狗可以藉由這個不轉動頭部，只用眼睛追逐點心的小遊戲運動「眼睛」、鍛鍊「小腦」，並且能有效而輕鬆地刺激腦中掌管平衡感的「三半規管」及「前庭神經核」，具有防止頭暈眼花的效果。

圖中的狗狗右眼因白內障而變得混濁，完全看不到，但卻能透過氣味感覺點心的方位，進而用眼睛追逐點心。即使狗狗看不見，也可以試著讓狗狗玩這樣的小遊戲哦！

球球，撿回來！

你丟我撿玩具追逐賽

用眼睛追逐被扔到遠方的玩具，可以對狗狗的視覺及聽覺產生良好的刺激。另外，在遊戲過程中，飼主對狗狗傳達「把玩具撿回來」的指令，也可以助狗狗思考並鍛鍊腦部。

1

將狗狗喜歡的玩具扔向地毯或較不容易讓狗狗滑倒的地板上。追逐玩具的過程就足以刺激狗狗的眼睛和腦部，不需要勉強狗狗把玩具撿回來。

2

狗狗把玩具撿回來後，就給牠點心並大力讚美牠！

3

等習慣原本的玩具之後，再替狗狗換另一個玩具。常常變換不同的玩具，可以保持狗狗的新鮮感。

4

也可以將狗狗喜歡的玩具藏在床底下，讓狗狗試著將玩具找出來。

NOTE!

玩具追逐賽の效果

為了避免狗狗進行遊戲時不慎摔倒，請在房內鋪上地墊或地毯。如果狗狗的視力已經開始衰退，不妨選用掉落時會發出聲音，或附有鈴噹的玩具吧！光是用眼睛追逐扔開的玩具，就能有效鍛鍊眼睛，因此不用勉強狗狗將玩具撿回來。如果狗狗成功將玩具撿回飼主身邊，就好好地讚美牠吧！

在左手，還是右手？

左右藏物猜一猜

藉由嗅聞手中點心的味道，就可以鍛鍊狗狗的嗅覺及大腦。把點心藏在手心中，和愛犬一起開心地玩吧！

1

讓狗狗嗅聞添加肝臟等食材，香氣較濃郁的點心。

2

可以一邊哼著：「藏在哪隻手呢？」一邊迅速將點心藏在手心。

3

狗狗會拚命嗅聞手的味道，藉此尋找點心。

4

當狗狗的前腳疊到飼主的某隻手上，就將那隻手迅速打開。如果猜中了，就大力讚美並給予點心獎勵；如果猜錯了，就再從頭開始吧！

NOTE!

藏物遊戲の效果

負責認知「氣味」的就是腦部，因此，刺激嗅覺同時也可以鍛鍊腦部。狗狗的嗅覺細胞敏感度比人類優越許多，刺激嗅覺對狗狗的腦部來說，是一種相當良好的訓練。

學習「新才藝」，
讓狗狗判若兩犬，充滿朝氣

學習新才藝也是鍛鍊狗狗大腦的好方法，一旦學會新才藝，狗狗就會逐漸萌生「原來我還辦得到啊！」的自信心來。

1

飼主伸出一隻手指，然後對狗狗說一聲：「汪！」

2

如果狗狗跟著叫了一聲「汪」，就給牠點心。

3

接著伸出兩隻手指說:「汪汪！」伸出三隻手指說:「汪汪汪！」慢慢教狗狗增加吠叫的次數。如果狗狗成功的話，當下就大力讚美並給予點心獎勵。

NOTE! **吠叫訓練の效果**

不管到了幾歲，狗狗都會想幫上最愛飼主的忙，也希望能得到飼主的讚美。學會新才藝而得到讚美，會讓狗狗覺得非常幸福，同時也能鍛鍊狗狗的大腦。不斷地讚美愛犬並跟牠玩耍，增加牠的自信心吧！

狗狗學習新才藝，不論幾歲都不嫌晚

讚美，讓狗狗更有自信

飼主可能會覺得教上了年紀的狗狗學新才藝是件麻煩事，但透過學習新才藝，可以讓狗狗產生自信，得到飼主的讚賞也會讓狗狗感到開心，所以，不妨花點時間教狗狗新才藝吧！狗狗成功時不要吝於給予讚美，飼主的讚賞可以讓狗狗產生自信心，相信自己也能辦到。

狗狗湧現自信の良性循環

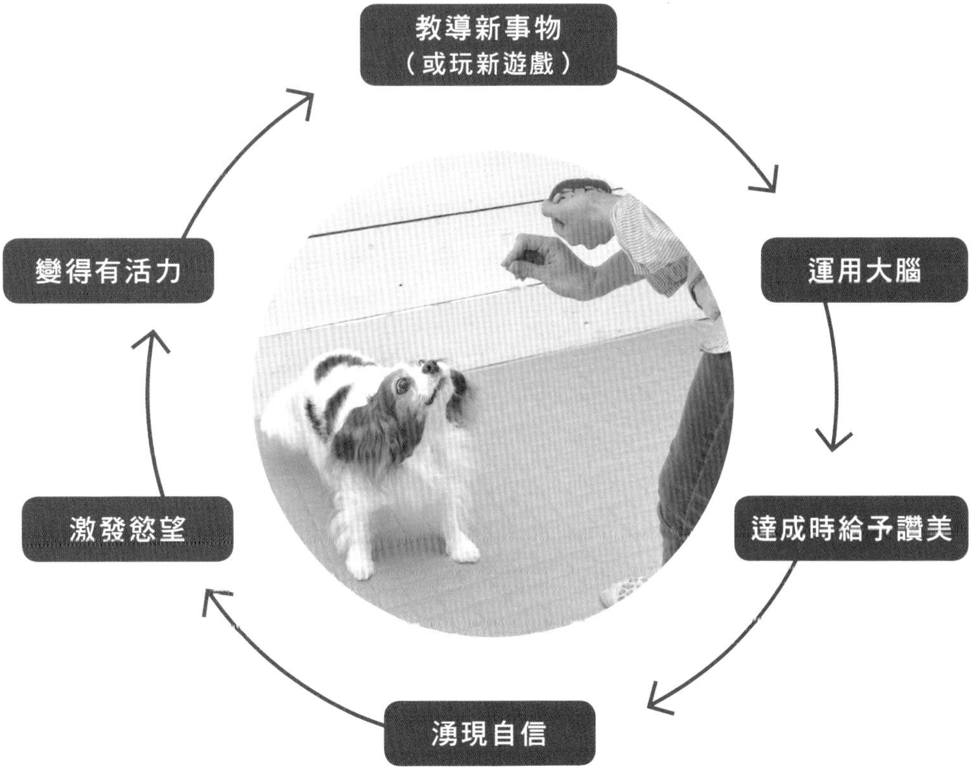

你的微笑，讓狗狗更有「安全感」

能將狗狗平凡的日子變得更加幸福的，非飼主的笑容莫屬。被飼主讚美的時候、吃東西的時候、玩耍的時候、睡醒睜開眼的時候，如果能隨時看見飼主的笑容，對狗狗來說，就是至高無上的幸福。狗狗成為老犬之後，飼主也許會忙於照料而精疲力竭，臉上也漸漸失去笑容。隨時提醒自己，對愛犬笑一笑吧！無論是愛犬還是自己，都會因此而開心起來。

家裡的氣氛安定，狗狗的情緒也會穩定下來。相反的，如果家人之間的關係很不穩定，狗狗就會變得焦躁不安，心想：「他們是不是吵架了？」、「我一定要保護他們才行！」而產生心理壓力。

因此，家人之間維持良好的關係也很重要，如果家中和樂融融，狗狗也會受這樣幸福的氛圍感染而開心起來。

笑容是穩定老犬情緒的不二妙方

狗狗上了年紀之後，會更加注意飼主的行為，常常一邊看著飼主，一邊想著：「出門會帶我一起嗎？」、「還不能吃飯嗎？」、「爸爸、媽媽現在在做什麼呢？」比年輕時更注意飼主的一舉一動，甚至一發現飼主不在身邊，就不安地吠叫尋找。如果飼主能讓狗狗隨時感受到自己的存在，讓牠一抬眼就看見飼主的笑容，狗狗一定會備感安心。

狗狗不管到了幾歲都像小孩一樣，飼主能陪在自己身旁、對著自己笑，對狗狗來說就是最令人安心的事了。上了年紀之後，狗狗無法獨立完成的事越來越多，例如：漸漸無法順利步行、食物難以下嚥等等。飼主可以在狗狗感到沮喪時適時給予微笑，或是多多和牠說說話，不讓狗狗感到寂寞，也讓牠更有安全感。

CASE 2 14歲大白熊
賽門の生活

中島惠子小姐
（居住於東京都杉並區）
賽門（大白熊／13歲／母）

本文刊登於《愛犬之友》2008 年 11 月號

中島小姐的愛犬賽門是一隻十三歲的大白熊，牠在今年六月心臟病發作之前，身體狀況大致良好，發作之後，腰腿的力量雖然明顯衰退不少，至今還是照常出門散步，早晚都有中島小姐充滿愛心的鮮食料理可以享用，每天都活力充沛。

「自製鮮食是從去年的五月開始的，賽門非常愛吃，每天都迫不及待地想趕快吃到。能讓賽門在夏天時也保有良好的食慾，一切的辛苦就值得了。」

剛開始，中島小姐還不太能掌握鮮食的營養成份，怕營養會不均衡，所以先和飼料混著給賽門吃，等到習慣之後就完全切換成鮮食料理了。

「最近，我在睡覺之前都會翻一翻鮮食料理的書，思考明天要做什麼料理，決定好之後才就寢，這是我每天的功課。」

中島小姐表示：「食譜的重點就是『簡單』，我只以雞肉為主食，再加一些當季的食材而已。」不過她的鮮食料理除了蔬菜之外，還會添加海藻、魚類，或是煮成稀飯，每餐都有不同的變化。

每天將鮮食的照片和製作方法刊登在部落格上，也是中島小姐的樂趣之一。「在將飼料完全換成鮮食料理前，我一時興起，開始在部落格寫文章分享。現替賽門梳毛也是每天重要的例行公事，賽門會主動到中島小姐面前要求梳毛。看見賽門幸福的表情，中島小姐常常不自覺地開心起來。▶

▲中島小姐收集梳毛時掉落的毛，做出和賽門一模一樣的毛氈娃娃！

在部落格的訪客持續增加，尤其是家中同樣有老狗的飼主們反應相當熱絡。」想必飼主們都對賽門的飲食生活很有興趣。

中島小姐表示，要讓狗狗的身體更健康，祕訣就是悉心照料並時時觀察狗狗的身體狀況。自從賽門的飲食改變之後，排便狀況也有明顯改善，糞便量少，而且不會過份沾黏。

「如果狗狗變得越來越健康，主人也會感到開心，覺得一切的辛苦都是值得的！除了食譜必須根據狗狗的健康狀況隨時調整，飼主也要常常觀察狗狗的排便狀況。狗狗成為老犬之後，因為消化和腸胃機能衰退，腹瀉或便祕的情形會越來越嚴重，一旦發現這些狀況，就要在下一道料理上花多一點工夫調整。」

中島小姐之所以會開始做鮮食料理，是因為認為狗狗的健康狀況和飲食密切相關。賽門開始吃鮮食之後，健康狀態越來越好，但因為老化造成肛門附近肌肉無力，還是難免會不小心在不對的地方上廁所。中島小姐表示，發生這種情況無須大驚小怪，只要默默收拾好就好。「賽門不小心在不對的地方上廁所時，會露出一副闖禍了的表情，牠自己一定也很難過，所以我會避免傷害牠，默默幫牠清理。」

最近，賽門的腿部肌力明顯衰退，漸漸無法再

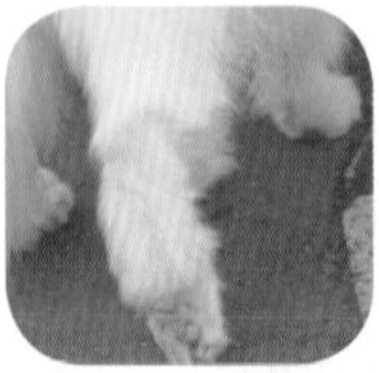

◀賽門四肢開始無力，走路時會拖著後腳。

▼散步時巧遇住在後面的鄰居小秀。

▲為了防止跌倒，將牽繩換成附有把手的胸背帶。

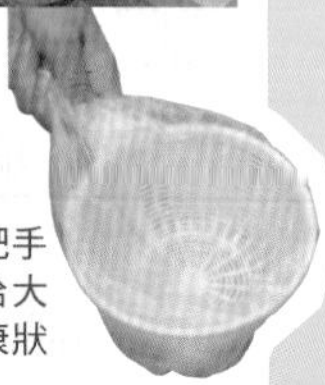

這是外出散步不可或缺的用品。在附有把手的濾網上套上塑膠袋，就可以用來撿拾大便，並透過大便的狀態來檢視賽門的健康狀況。

到處跑跳，散步時的腳程也慢了下來。為了避免牠因為兩腿無力而跌倒，中島小姐停用原先的胸背帶和牽繩，改用附有把手的胸背帶。

「賽門的個性很衝，如果其他狗狗對著牠叫，牠會奮不顧身地衝上前去，原本看似下垂的眼睛也會往上吊。牠的力氣很大，以前出門散步時還必須配戴訓犬項圈，不過心臟病發作之後，牠的腳忽然變得無力，用附有把手的胸背帶就可以牽好牠了。步入晚年之後，牠的個性好像也變得穩重了不少。」因為肌力退化，賽門無法久站，現在只能靠單邊支撐全身重量，所以梳毛和護理的方式也要跟著改變。

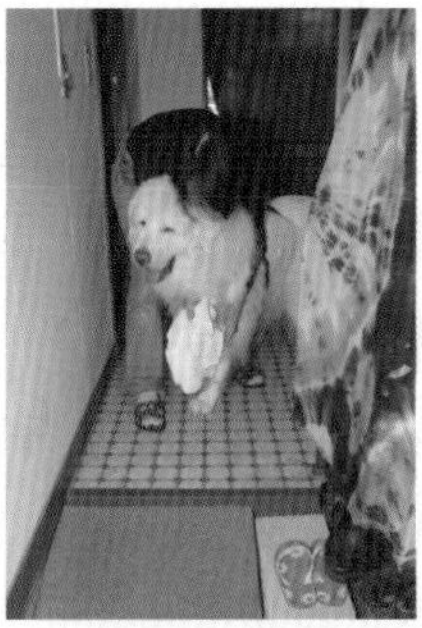

▲在大門口放置斜坡，減少上下樓梯造成的壓力。

▲未雨綢繆，已經先備妥犬用輪椅了。

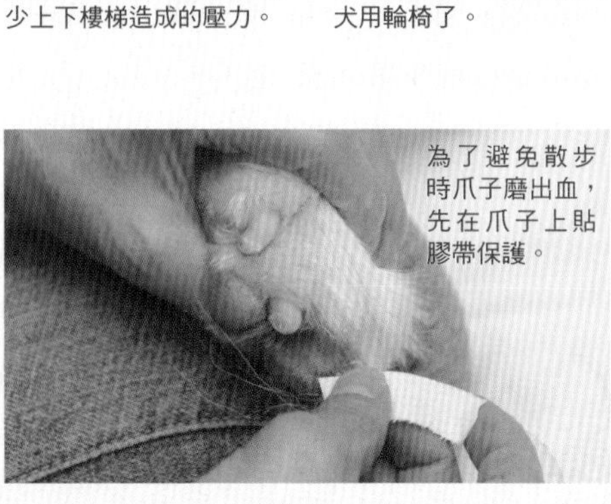

為了避免散步時爪子磨出血，先在爪子上貼膠帶保護。

1. 如果把賽門最愛的梳理用具拿到牠眼前，牠就會笑得很開心。

2. 在禁止賽門上去的地方，放置牠討厭的空罐子。另外，為了避免牠不小心如廁失敗，在被套的下方鋪上一層防水墊。

3. 一邊看著朋友送的書，一邊按摩賽門的背部或四肢。賽門最喜歡搓耳朵了。

「除了賽門屁股周遭時常需要清洗外，我已經幾乎不再幫牠洗澡了。不過，我還是經常幫牠梳理毛髮，每次梳毛，牠都很舒服呢！」賽門擁有一身不輸給年輕狗狗的純白蓬鬆毛髮。這身覆蓋在瘦到只剩36公斤重的身體上的美麗皮毛，似乎就是拜每天勤於梳理之賜，才能保養得那麼好。

自從賽門開始拖著後腳步行之後，趾甲就經常受傷，所以出門散步前必須先用膠帶保護。「因為賽門體型大，不方便隨時帶到寵物美容院去，所以不管修毛還是剪指甲，我通通都自己來。平常相處久了，不覺得賽門體型巨大，只有帶牠去動物醫院時，才會意識到牠是隻大型犬。」

另外，在梳理賽門毛髮的同時，中島小姐還會搭配按摩。「最近，朋友送了我一本關於狗狗按摩的書，我就一邊看，一邊替賽門按摩。」中島小姐的房間內，隨處可見鮮食食譜與狗狗按摩的書籍，這一切努力都是為了讓賽門能有活力的渡過每一天。

「常有人問我狗狗長壽的祕訣是什麼，其實我自己才想問呢！我覺得一邊抑制賽門的老化，一邊自然而然地去順應生活中的大小變化非常重要。」賽門一定不在乎自己慢慢老去吧！因為牠被中島小姐的愛團團圍繞著，過得既幸福又充實。

大白熊賽門最愛の鮮食料理大公開

來看看賽門喜歡的食譜，這些都是中島小姐親手做的「愛的料理」！

中島小姐開始準備料理時，賽門總是偷偷躲在一旁，迫不及待地窺看廚房。

材料：牛肉、豬肉、豆腐、小竹筴魚、白菜、胡蘿蔔、鴻喜菇。

材料：牛肉、雞胸肉、豆腐、番茄、鴻喜菇、白蘿蔔泥、山芋、秋葵、苦瓜、白菜、胡蘿蔔、稀飯。

材料：雞肉、豬肉、高麗菜、秋葵、花椰菜、豆芽菜、芥菜、番茄、鰹魚、芝麻粉、牛奶、稀飯。

材料：雞肉、胡蘿蔔、白蘿蔔、高麗菜、茄子、青椒、薑、牛奶、營養果汁、四季豆、番茄、稀飯。

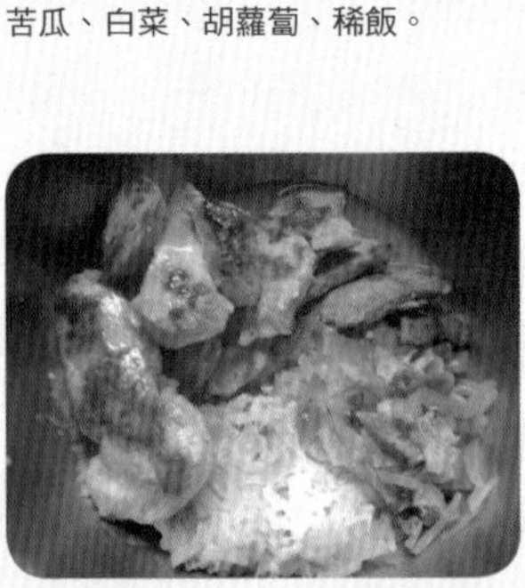

材料：雞肉、豬肉、雞爪、高麗菜、胡蘿蔔、雞蛋、白蘿蔔、白飯。

▼利用垃圾桶當餐桌，讓賽門可以輕鬆進食。

材料：豬肉、花椰菜、高麗菜、小型竹筴魚、南瓜、番茄、青椒、茄子、稀飯、白蘿蔔、薑、肝臟。

材料：雞肉、羊肉、馬鈴薯、小菘菜、高麗菜、海帶嫩芽、寒天、牛奶、營養果汁、花椰菜、稀飯、水煮蛋。

材料：雞肉、花椰菜、芝麻粉、白蘿蔔、高麗菜、小菘菜、海帶嫩芽、稀飯、骨粉。

有時也會親手做點心，看起來真的好好吃！

材料：雞胸肉、牛肉、鴻喜菇、舞茸、小菘菜、胡蘿蔔、高麗菜、白菜、海帶嫩芽、麵包。

以微波爐製作茶碗蒸
材料：雞肉、大白菜、南瓜、番茄、胡蘿蔔、稀飯、鰹魚片。

▼餐後擦拭嘴巴，順便刷牙。

材料：雞肉、胡蘿蔔、鴻喜菇、青椒、太白粉、稀飯。

材料：雞肉、四季豆、高麗菜、白蘿蔔、番茄、秋葵、肝臟、奶粉、營養果汁、稀飯。

咻！
我是富奇，
今年12歲。

Chapter

3 強化腿力，老來不臥床

這是什麼
比賽啊？
認真
再來一次吧！
舔
噢！
啊！點心跑掉了。
噢！
那麼，要怎麼比呢？
認真
看那邊

生病導致體力衰退，和腰腿肌力退化，
是造成狗狗長時間昏睡的兩大主因。
經常臥床昏睡不僅會加速內臟衰弱，
更可能引發其他嚴重疾病！
為了愛犬健康，請密切留意。

喂喂喂，要來一決
勝負是吧？來吧！

狗狗漸漸開始走不動，該怎麼辦？

狗狗想要靠自己的腳站起來走路的意志，遠比你想像中還要強烈，因為牠們不曾想像過自己臥病在床、無法行走的樣子，直到身體機能因老化而逐漸退化，牠們才會慢慢察覺到自己想靠自己好好走路的心情。

如果狗狗的肌力已經退化到無法行走的地步，要再回到過去的狀態是非常困難的。因此，飼主不妨平常就讓狗狗做些能提升肌力的運動，防止肌力快速退化。

在狗狗站立時，由前方、後方及側面，仔細觀察牠們四肢的均衡性吧！你會發現狗狗全身上下約有七成的重量，全都壓在上半身，下半身反而不太出力，因為行走時不容易運用後腳的力量，久而久之，後腳肌力就會逐漸衰退。

觀察狗狗「四肢均衡性」

四步驟檢視狗狗「走路狀態」

1 狗狗在坐下或趴下時，會不會癱著腳？

2 後腳寬度是不是明顯比腰圍窄，呈內八狀？

3 腳尖是否變黑、變髒，或是常有傷口？

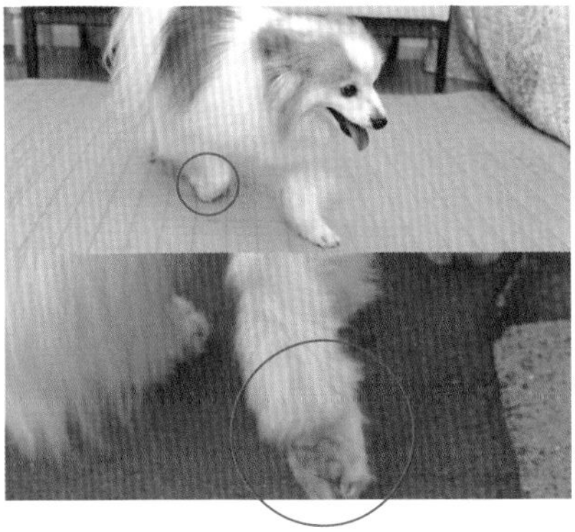

4 步行時，左右腳會不會不自然地向外打開？

走路姿勢不對，可能是神經系統出問題！

狗狗行走時趾甲容易觸碰到地面，俗稱為「腳背朝下」(knuckling)，這種現象是脊髓神經系統異常所造成的。散步之後回到家，幫狗狗擦腳時，不妨試著觀察看看，如果發現狗狗趾甲骯髒、毛變得稀少，或是出現擦傷，就要多加留意。在散步途中，可以呼叫已經走遠的狗狗回來身邊，仔細觀察牠走路的樣子。

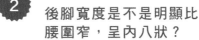

狗狗肌力退化の七大階段

只要一段時間不使用，肌力就會日益衰退，肌力一旦衰退，就容易對關節造成負擔，使步行更加困難。為了斬斷這種惡性循環，請趁狗狗還能正常行走時，及時替牠鍛鍊肌肉。盡早察覺並進行復健非常重要，如果狗狗走路已經開始搖搖晃晃，就要馬上接受治療。接下來，讓我們逐一審視狗狗在完全無法行走前，每個階段會出現的狀況吧！

1 走路速度變慢，開始用小碎步走路

因為關節靈活度變差，肌力也大幅衰退，膝蓋會漸漸地無法順利上提，走起路來就會變得搖搖晃晃。這時，狗狗會開始討厭爬坡或爬樓梯。

2 後腳步伐變窄，腰部位置逐漸下降

髖關節的靈活度變差，雙腳變得越來越難以打開。大型犬尤其會出現髖關節疼痛的問題，必須注意狗狗在行走時，是否會像瑪麗蓮夢露般，不斷扭動腰部。

3 趴下或坐下的姿勢變得奇怪

因為背骨歪斜或髖關節靈活度變差，使得坐下或趴下變得很辛苦，甚至漸漸只能橫坐。趴下或坐下時，需要運用到一定的肌力，才能維持正常的姿勢。飼主應從狗狗年輕時開始就留意狗狗的姿勢，如果狗狗出現橫向坐姿，就要立刻予以矯正。

4 站起來的速度變慢

從坐姿轉換為站姿時，後腳肌肉必須非常用力，因此站起來的速度變慢，就是狗狗下半身肌肉萎縮的警訊。

5 趴下或坐下之後，難以靠自身力量起身

由於肌肉力衰退，狗狗會漸漸地無法岔開雙腿，如果不倚賴旁人的協助，就無法自行從趴下或坐下的姿勢站立起來。有時可能會因為地板太滑，而無法順利站立，請確認地板是不是止滑的材質。如果狗狗起身之後尚可步行，為了避免肌力繼續衰退，請讓牠盡可能多走點路。

6 沒有人協助，就無法順利行走

這時就改用胸背帶，幫助狗狗步行吧！就算狗狗無法自力行走，還是要在合理的範圍內，外出接受各種刺激。也可以透過犬用輪椅，來替狗狗做復健運動。

7 沒有人協助，就無法站立或坐下

到了這個階段，幾乎等同於老人臥床的狀態，身體無法隨心所欲地移動。這時，狗狗可能會因為稍微蠕動就受傷，請多加留意。另外，記得要定時幫牠翻身，避免得到褥瘡。

蹲馬步小遊戲
提升 後腳 肌力！

狗狗肌肉衰退的現象，大多都是從後腳開始的。因此，平時不妨讓狗狗玩慢慢坐下再站起來的「蹲馬步小遊戲」，提升後腳的肌力。

1

輕輕握住點心，伸到狗狗的鼻子前面，讓他聞一下點心的香味。接著，把手移到狗狗的頭上，狗狗就會為了舔舐點心而奮力抬頭，慢慢地站立起來。

慢慢坐下再站起來的過程，可以有效鍛鍊後腳肌肉。通常叫狗狗坐下，牠們都會急速坐下，因此不妨以點心壓一下狗狗的鼻子，誘導牠慢慢坐下。
必須注意的是，如果在狗狗坐下時馬上給予點心，牠可能會誤解為「越快坐下就會越快得到點心」。所以，點心請在狗狗重複坐下五次之後再給予。

2

輕輕將手移向狗狗頭部後方，狗狗就會自然地坐下了。等狗狗坐下之後再叫牠站起來，接著，再用同樣的方式叫牠坐下，重複進行五次左右。

散步時帶狗狗爬坡 確實鍛鍊後腳肌力！

想要延緩老化，提升後腳的肌力很重要，除了讓狗狗蹲馬步，也可以趁每天散步時帶狗狗爬坡，一邊替狗狗加油，一邊帶著牠一步一步向前。在這過程當中，狗狗和飼主都會不自覺地開心起來。

散步時帶狗狗一起爬上公園的斜坡，也可以在斜坡途中，讓狗狗做蹲馬步的動作，訓練效果加倍。

Point

不要選擇水泥地，盡量找草地或泥地，減少狗狗腰腿的負擔。

「穿襪子」也能維持肌力

嗯？
腳上有怪東西
啊！
媽媽在叫我
穿襪子好像
也不錯耶！
滑呀♪
滑呀♪

讓狗狗穿上襪子，狗狗自然就會抬高腳，運用四肢的力量走路，是維持肌力的好方法。也可以只在肌力退化較嚴重的那隻腳上穿襪子，對單腳進行集中訓練。

首先，將襪子穿到狗狗的腳上，一開始牠可能會想要拚命掙脫，甚至變得不想走路，這時，飼主可以拿點心、玩具跟牠玩，或是叫牠的名字要牠過來，藉此轉移狗狗對襪子的注意力。等狗狗習慣穿襪子之後，再將其他東西（黏著式的繃帶、柔軟的髮帶、蝴蝶結等重量較輕的物品）隨意纏繞在狗狗腳上，讓狗狗把腳抬得更高。

狗狗腕力比賽
提升 前腳 肌力

就像我們在比腕力一樣，反覆訓練狗狗坐下和趴下，將有助於提升前腳肌力。
透過這個簡單的遊戲，可以自然而然地鍛鍊前腳，慢慢調整四肢的均衡度。

在狗狗坐下的時候，輕輕握住點心，讓狗狗聞一聞。接著，再將握有點心的手慢慢垂到前腳之間，狗狗就會跟著趴下了。

狗狗趴下之後，先不斷讚美，再叫牠坐下。在反覆進行坐下與趴下的過程中，就能有效訓練前腳的肌力。

利用「坐墊」，訓練狗狗平衡感

坐到不穩定的東西上時，狗狗為了取得平衡，自然會使用全身的肌肉。如果是小型犬，可以抱到坐墊上讓牠坐個五秒鐘左右；如果是大型犬，可以讓牠走在充氣的海灘墊上，藉此訓練平衡感。平衡感一旦提升，自然就不容易跌倒。

在這裡等是吧？
我會加油的！

被主人稱讚了，
好開心哦！

簡易伸展操
強化頸部肌群

走路時，因為頸部肌力衰退，狗狗的頭會逐漸下垂。
如果狗狗長期低著頭走路，就會慢慢開始駝背，甚至變得舉步維艱。
為了讓狗狗好好走路，平時就要鍛鍊頸部肌力。

和狗狗面對面，叫牠趴下來。接著，手握著點心，拿給狗狗看一下。如果是經過等待訓練的狗狗，就在這個狀態下叫牠「等等」。

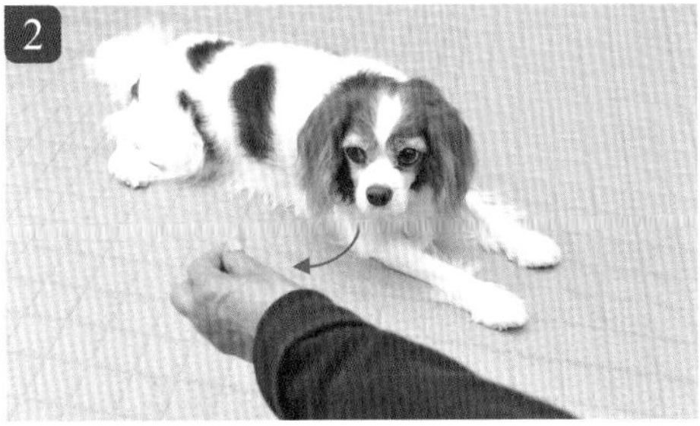

將拿著點心的手往左移動，如果狗狗不移動身體，只扭動脖子望著點心的話就成功了！

接著，再將手往右移動，如果狗狗扭動脖子望著點心，就出聲讚美並給予點心獎勵。

為了避免狗狗跟著坐起身來，飼主要一邊叫牠「等等」，一邊慢慢抬起手，如果狗狗在趴著的狀態下活動頸部，就算成功了。

接著，慢慢將手放下。如果狗狗只用脖子和眼神跟著飼主的手把頭往下低，就出聲讚美並給予點心獎勵，依照上下左右的順序，反覆進行五次。

走不動別氣餒，用「輪椅」復健吧！

在後腳完全麻痺前，最適合利用輪椅做復健了。你是否認為，犬用輪椅是後腳完全不能動彈之後，才用得到的東西呢？其實，在狗狗後腳無法動彈前使用輪椅，最能有效遏止肌力退化。

在狗狗的後腳還能好好地踩在地上時使用輪椅，行走時，後腳就會被前腳牽引而跟著移動，達到復健的效果。在移動的過程中，請盡量讓狗狗的腳接觸地面。如果狗狗後腳已經麻痺，為了不造成傷害，不妨調整輪椅高度，讓狗狗的後腳不接觸地面，只用前腳走路。

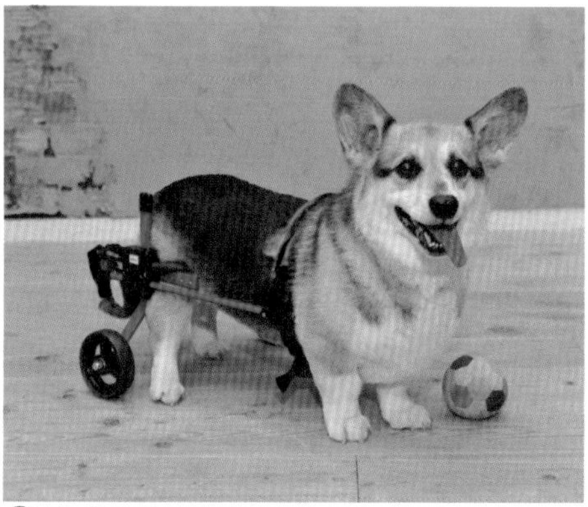

❶ 在狗狗後腳裝上輪椅，調整輪椅的高度，盡量讓後腳能觸碰到地面。

❷ 自由地跟牠玩耍。可以看得出來，狗狗的後腳受到前腳的牽引而確實移動著。

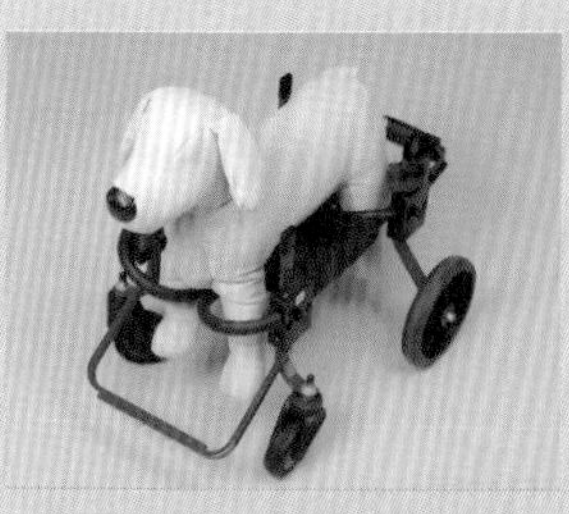

如果狗狗四隻腳都已經麻痺，也有四輪型的輪椅可以使用。

自製襪套、護墊，避免狗狗滑倒有一套

對狗狗來說，在光滑的地板上走路，就好像我們走在溜冰場上。長期走在光滑的地板上，會間接對狗狗的腳部造成負擔。如果狗狗走路時容易滑腳，就下點工夫避免打滑吧！

鋪上地毯或軟木塞墊、瑜珈墊

如果是磁磚地板，請不要打蠟

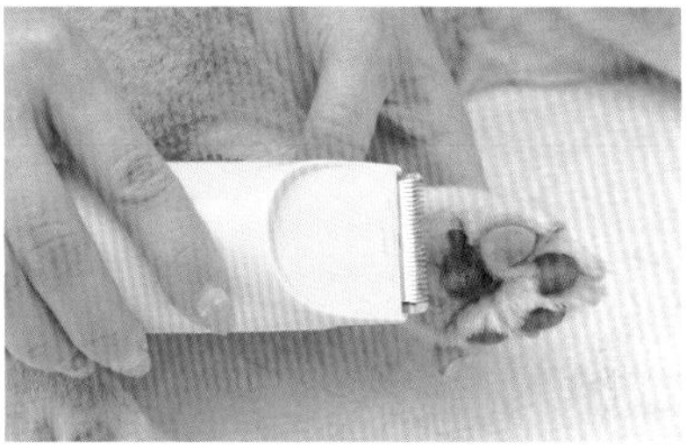

常常用剃毛刀幫狗狗修剪腳底的毛

在餐台附近鋪止滑墊

讓狗狗穿上有止滑效果的犬用襪套

動手做狗狗專用襪套

氣球

剪掉吹氣口

讓狗狗穿上之後，以黏著式繃帶固定，避免脫落

工人手套

剪下工人手套拇指之外的四指

讓狗狗穿上之後，再以黏著式繃帶固定

兒童襪

可以用兒童襪製作大型犬用襪套。在腳底的部分黏上防滑膠，再配合狗狗腳的長度修剪

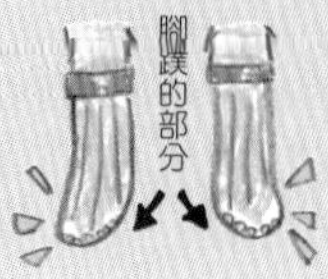

以黏著式繃帶固定，避免脫落

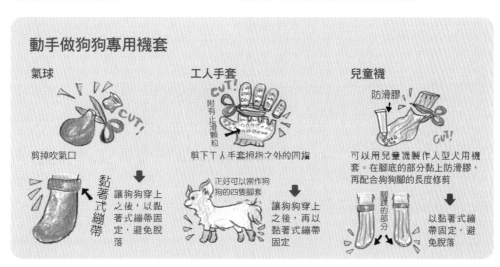

善用「輔助背帶」讓散步更輕鬆！

就算狗狗走路已經開始搖搖晃晃，
還是要藉由散步來防止肌力降低，
並接受外在氣味與景色的刺激。
出門走走，飼主也可以放鬆心情，
與狗狗觀賞同樣的景色，共度愉快時光。

後腳用輔助背帶

因為肌力降低，後腳不穩的狗狗可以使用「後腳用輔助背帶」。雖然背帶必須要穿過雙腳，穿起來有點麻煩，但這對狗狗的後腳來說，是非常好的輔助支撐用具，也可以用浴巾替代。市面上也有販售前腳用的輔助背帶。

身體用輔助背帶

這是可以同時輔助前腳與後腳的「身體用輔助背帶」，以具彈性的特殊材質製成，可以避免對狗狗的胃部造成負擔。如果狗狗是男生的話，穿上之後會有無法順利如廁的問題，但若以無彈性的浴巾替代，可能會壓迫胃部，對狗狗的身體造成負擔。

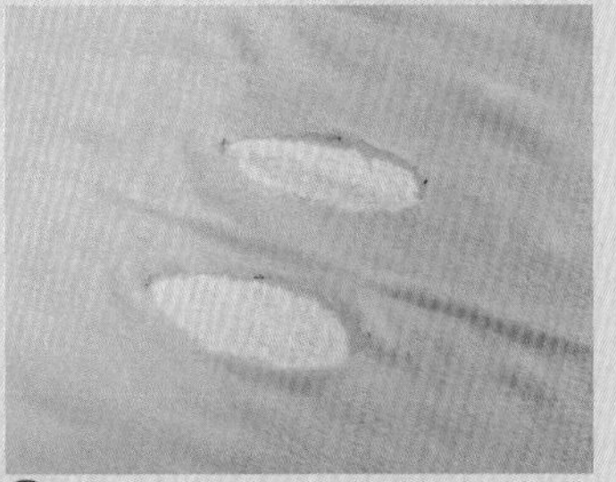

2 以剪刀沿著狗狗的腳型裁剪。

3 將狗狗的腳穿過浴巾，後腳用背帶就完成了！

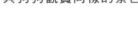

輔助背帶の正確使用方式

請維持這個角度

飼主的手順著狗狗前進的方向拉，狗狗會比較容易走路。要小心不要拉得太高，請盡量往前方拉。

不要往上拉

不要從後方拉扯

如果往正上方拉扯，讓狗狗的後腳跟離開地面，或是朝後方用力拉扯，不僅會讓狗狗難以行走，對於肌力的維持也毫無幫助。

一條浴巾，輕鬆做胸背帶

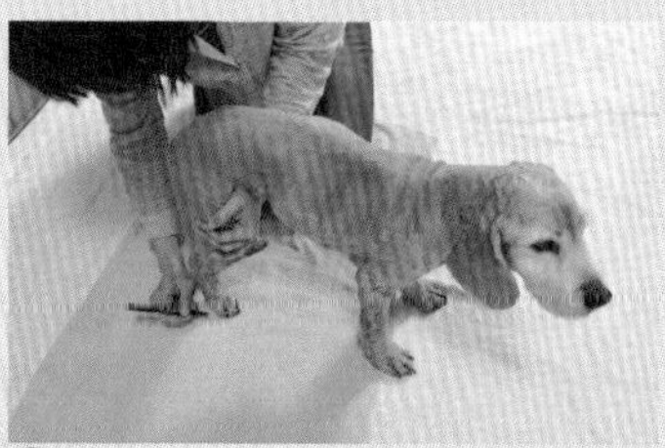

1 建議選擇柔軟且較薄的浴巾。先讓狗狗站到浴巾上方，用麥克筆等在後腳的位置上做記號。

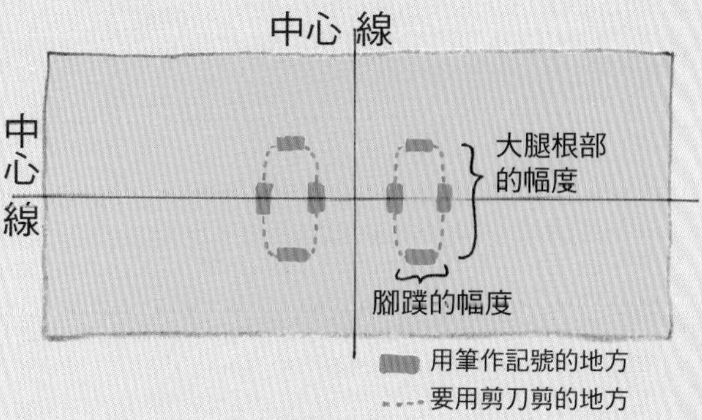

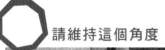

以毛巾「熱敷」，促進狗狗血液循環

狗的肌肉和人類一樣，一旦溫熱就會放鬆，動作也會變得靈活。早上剛起床時，狗狗的關節和肌肉容易變得僵硬，不妨以溫熱的毛巾熱敷，幫狗狗軟化肌肉！熱敷不只能軟化肌肉，也能促進血液循環，達到放鬆的效果。即使是不喜歡被觸碰手腳的狗狗，只要熱敷個一兩次，就會因為舒服而慢慢接受了。

首先，將浸過熱水的毛巾擰乾，趁毛巾還沒冷卻時，盡快包覆在狗狗身上。在纏繞第四條毛巾時，第一條毛巾可能已經冷卻，這時請把冷卻的毛巾浸到熱水裡擰乾，再次纏繞在下一個地方。依照四肢↓頸部↓背部↓腹部的順序，反覆進行兩次。

四肢→頸部→背部→腹部 反覆熱敷2個循環

準備裝有溫熱水的洗臉盆（水溫約45～50度）與四條毛巾

【四肢熱敷】

將溫熱的毛巾一條條纏繞在狗狗的腳上，等四隻腳都纏完之後，再拆下第一條毛巾，繼續下一個頸部熱敷的步驟。

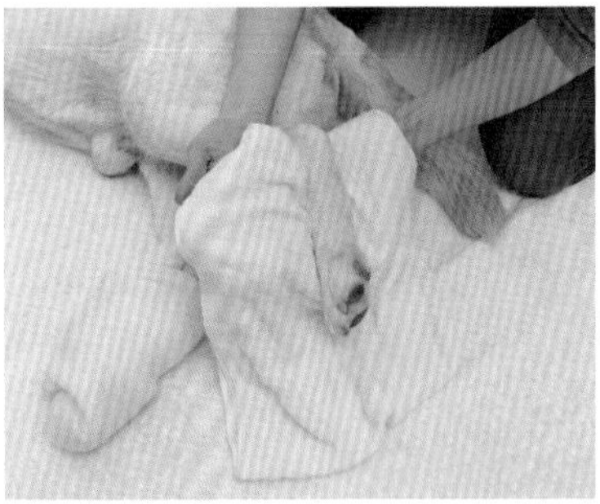

➡

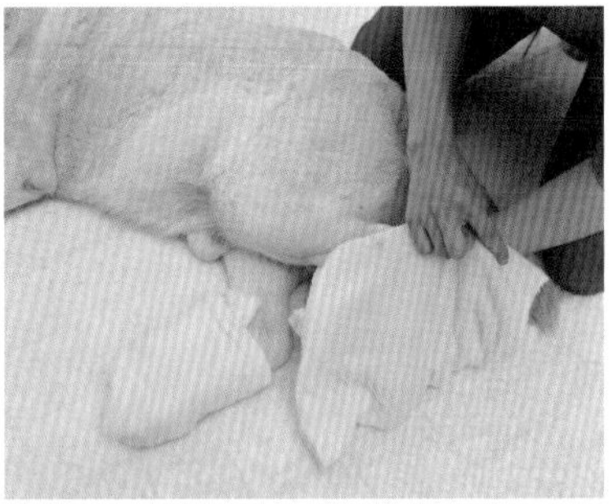

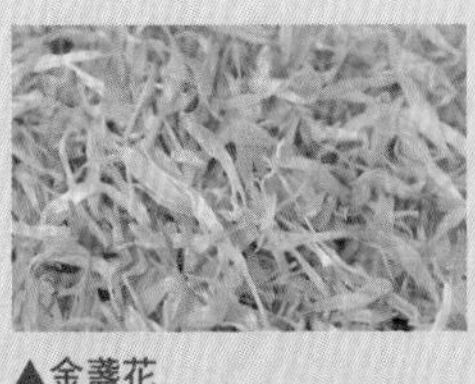

▲金盞花

【主要效能】鎮靜炎症、具殺菌效果

▲洋甘菊

【主要效能】緩和緊張、改善食慾不振、輔助入眠

▲薑

【主要效能】促進血液循環

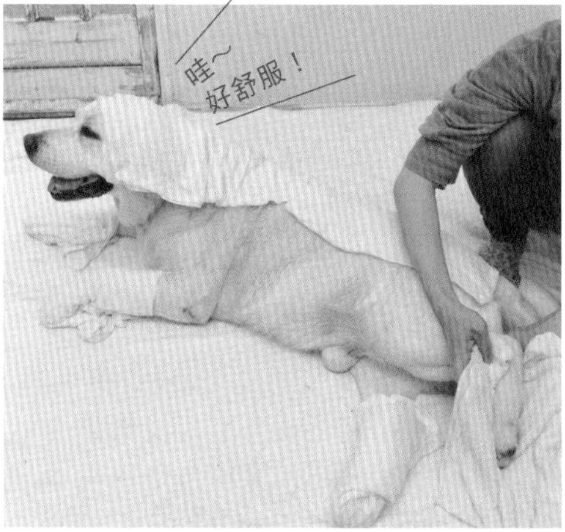

【頸部熱敷】

將溫熱的毛巾從頸子上方蓋上。

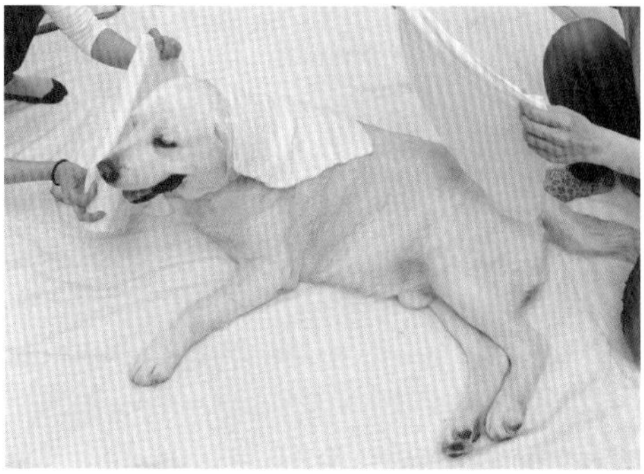

【背部熱敷】

將攤開的毛巾蓋在狗狗的背部上。

【腹部熱敷】

將攤開的毛巾蓋在狗狗的腹部上方溫熱腹部。

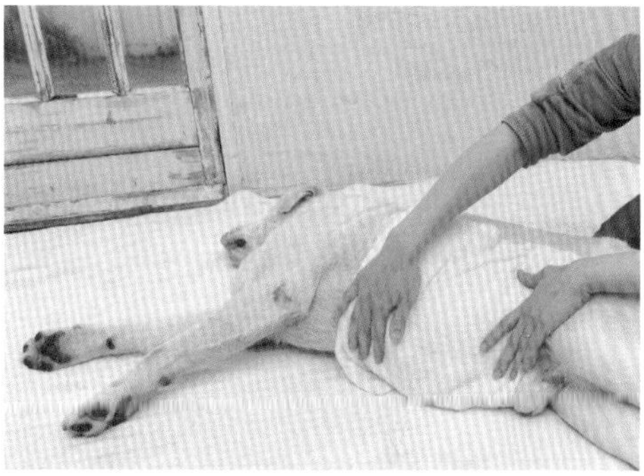

熱敷香草，替狗狗做芳療！

添加可以緩和緊張的薰衣草或洋甘菊，舒服的香氣對狗狗或飼主都有療癒效果。就像泡茶一樣，將香草包放入注滿熱水的洗臉盆裡，毛巾浸泡、擰乾之後替狗狗熱敷。

作法

將薰衣草、迷迭香、金盞花各一小匙，洋甘菊半茶匙，以及薑一把放入裝有茶葉的袋子中。

▲薰衣草

【主要效能】緩和神經緊張

▲迷迭香

【主要效能】促進血液循環、消除疲勞、預防失智症

腿部伸展操，讓毛小孩身體更靈活

熱敷之後，來做做伸展運動吧！

伸展操可以有效地運動骨骼與肌肉，提高狗狗身體的柔軟度，並增加關節的可動範圍，讓狗狗的身體更加靈活。肌肉冷卻會變得僵硬而難以伸展，不妨趁著熱敷之後，替狗狗進行伸展的運動吧！

狗狗習慣在早上起床時伸懶腰，但隨著年紀增長，這個動作就變得越來越困難。飼主可以藉著以下的伸展運動，代替早晨的伸懶腰動作，幫助狗狗渡過充滿活力的一天。

腳尖の伸展運動

確實進行腳尖伸展運動，狗狗的每一隻腳就能穩穩地踏在地面上了。請按照以下方法先伸展其中一隻腳，再輪流伸展四肢。

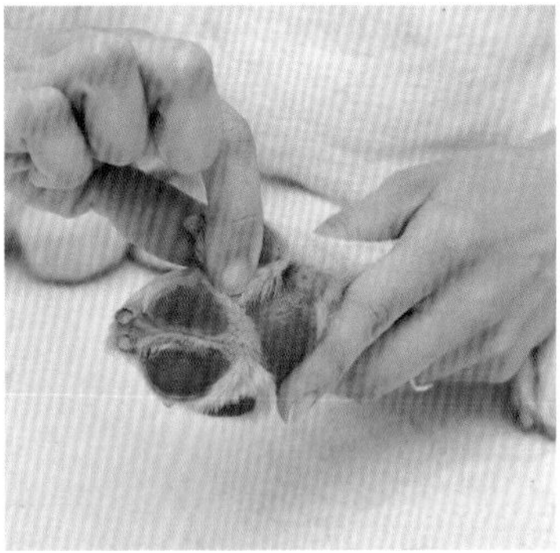

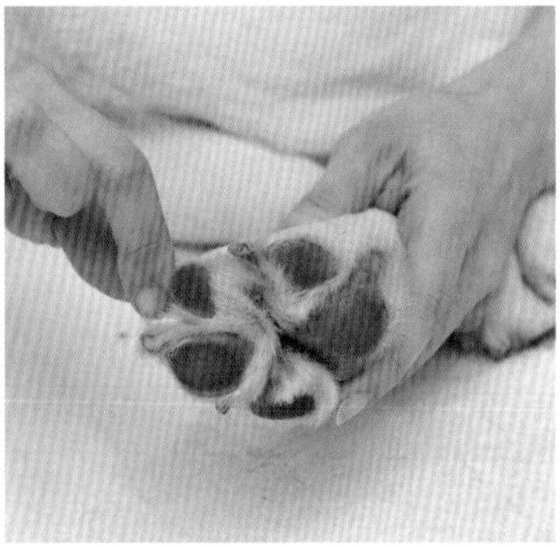

1 讓身體充分暖和之後，將每根腳趾輕輕地上下移動，各做五次。

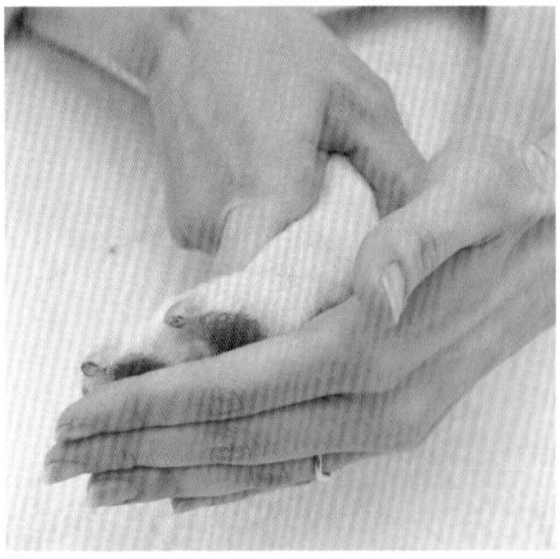

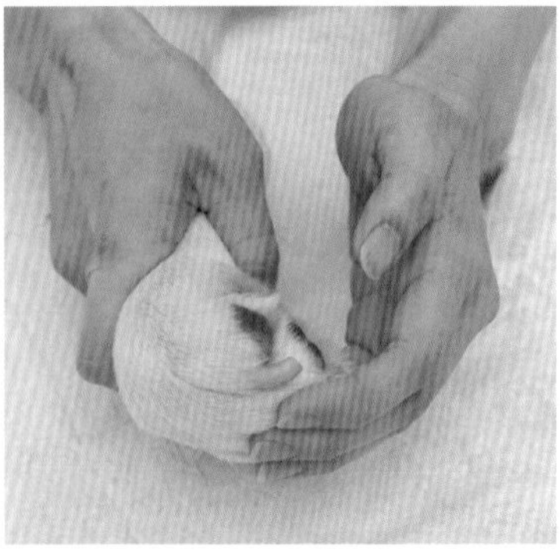

2 慢慢彎曲腳掌，再恢復原狀。

後腳の伸展運動

彎曲後腳腳踝與膝蓋，徹底地伸展。請按照以下方法先伸展其中一隻腳，再輪流伸展四肢。

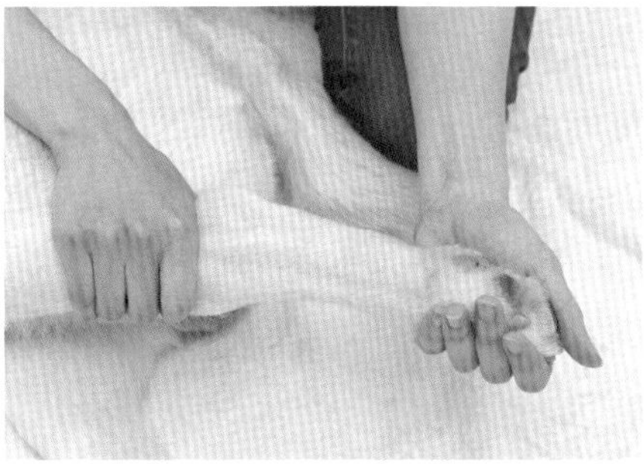

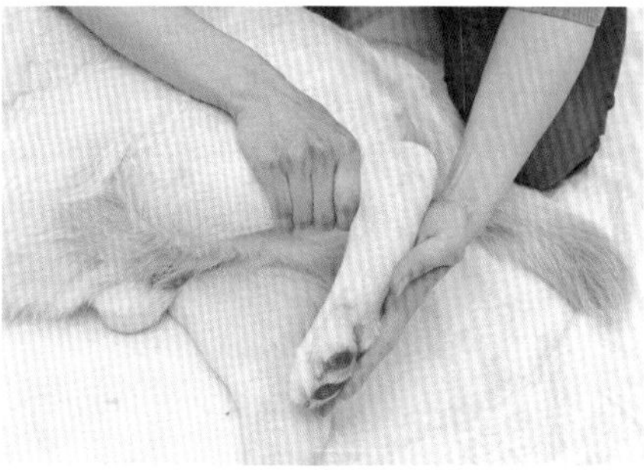

❸ 輕輕彎曲後腳腳踝，然後放開。

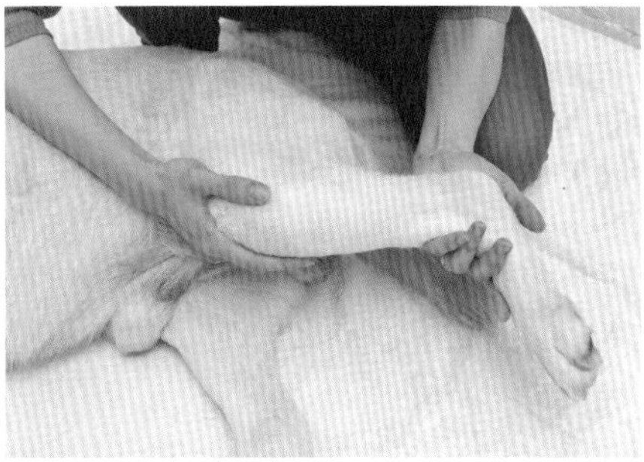

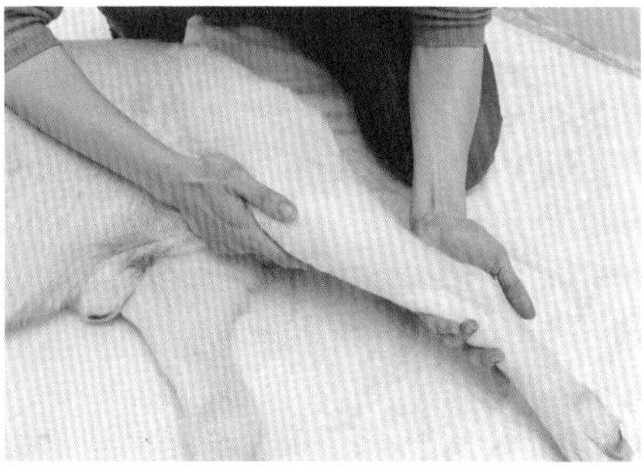

❹ 輕輕伸展後腳膝蓋，然後放開。如果狗狗的膝蓋會痛，請暫時不要進行這個動作。

前腳の伸展運動

先進行前腳膝蓋的彎曲及伸展，後腳再如法炮製。以腳踝的彎曲和伸展，作為一個循環來進行。

❺ 前腳也要一一伸展，然後放開。狗狗看起來很舒服呢！

CASE 3 13歲哈士奇 朗朗の生活

本文刊登於《愛犬之友》2010 年 1 月號

山口杏奈（居住於北海道江別市）
朗朗（哈士奇／13歲／母）
古拉修（哈士奇／3歲／母）

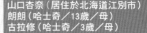

▲冬天會使用電毯，避免身體失溫。

▲朗朗和古拉修總是一起出門散步。

杏奈小姐目前在北海道攻讀獸醫系，因為求學的關係，她帶著朗朗（13歲）與古拉修（3歲）移居北海道。自從家中的母狗瑪麗安過世之後，朗朗就開始慢慢出現老化的症狀。

朗朗與瑪莉安最早是跟著杏奈小姐一家人住在捷克，後來才隨著杏奈小姐回到日本。在捷克，狗狗搭飛機必須先取得獸醫的許可，如果老化狀況嚴重，可能無法拿到許可證，因此杏奈小姐，趁著朗朗與瑪莉安還健康時回到日本。歸國不到一年，瑪莉安就過世了，為了陪伴朗朗，才又養了古拉修。

杏奈小姐目前隻身住在北海道，許多人知道她獨自養了兩隻大型犬都很驚訝，但杏奈小姐則享受著與兩隻狗狗一起生活的日子。或許是因為得到朋友和家人的支持，她才能堅持下去吧！

兩年前，朗朗的膽囊被檢查出膽泥囤積，喝處方藥又出現適應不良的症狀，直到現在還是必須定期接受檢查，才能控制病情。更糟的是，朗朗從去年冬天開始，因為石灰堆積壓迫到脊椎，後腳出現障礙。因為年事已高，杏奈小姐決定不讓朗朗接受手術，改以投藥的方式緩和疼痛。龐大的醫療開銷，讓還是學生的杏奈小姐備感沉重，所幸姊姊每個月匯錢幫助，才多少減輕杏奈小姐的負擔。

▲在狗狗容易打滑的地方鋪滿軟木塞墊。

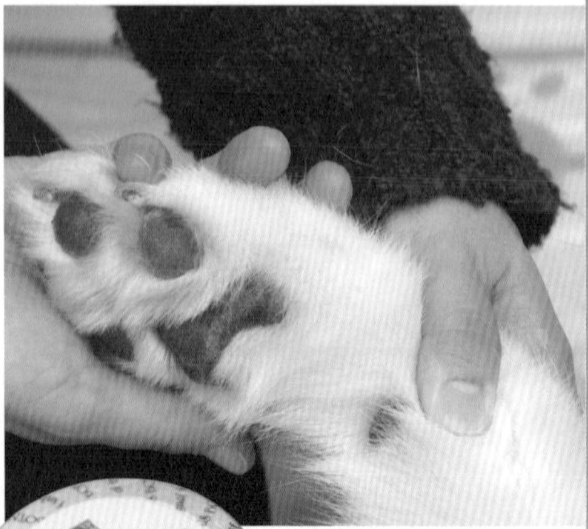

▲杏奈小姐每晚都會幫朗朗按摩，將捷克特製的乳霜塗抹在朗朗的腳蹼上。

▲杏奈小姐讀書時，狗狗們會在一旁監督。

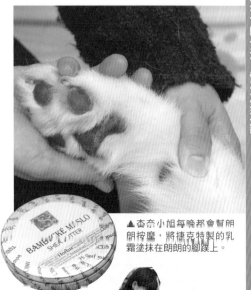

▲車子後座是朗朗和古拉修的專用座位。

▲一步一步慢慢走下樓梯。

▲車內的朗朗和古拉修。

▲抱著朗朗上車。

「等到狗狗衰老之後，再找醫院長期治療真的很難！除了老狗本身的個性要有耐性之外，院方也要能考量飼主的情況才行。」杏奈小姐每晚都會幫朗朗按摩，並盡量帶牠外出走走，轉換不安的情緒。年輕的古拉修也在照顧朗朗時，助了一臂之力。杏奈小姐表示：「如果朗朗沒有古拉修，也許會老得更快吧！」

杏奈小姐說：「我希望將來能成為專門治療牛的獸醫師，因為老師對我說，學習治療大型動物，就能兼顧小型動物（指狗狗）。」杏奈小姐每天早上五點起床，帶狗狗散完步之後才去學校，回程則依狀況而異。她每天傍晚固定會帶朗朗和古拉修外出散步，假日則帶牠們到校園內走走，校園內有牛舍，看牛對朗朗來說，似乎也是個不錯的刺激。

「因為我周遭的人都是獸醫系的，對動物很了解，聚會的時候大家都會來我家，和我一起帶狗狗出門。大家都很了解牠們的狀況，也很照顧朗朗。」

杏奈小姐的雙親住在捷克，姐姐則住在京都，家人彼此各分東西，只有過年時才會相聚。朗朗身為家族的一員，跟隨著不同的家族成員，看守著家人們居住的地方，讓彼此的心緊緊相繫。現在，朗朗是家中的靈魂人物，每逢過年時，一家四口和朗朗、古拉修，就能在北海道幸福地相聚在一起！

我叫 Angel，
今年 15 歲，
最喜歡自己
漂亮的頭髮了！

Chapter

4 最理想的老犬居家照顧

為了讓狗狗晚年過得更舒適健康，
飼主在照顧上需要注意些什麼？
讓我們來學習老犬專屬的
清洗、抱法及餵藥方法，
更有技巧地照顧家中的毛小孩吧！

打造老犬安居環境，狗狗好安心！

狗狗年紀大了之後，一點點的溫差就很容易會生病、受傷。多下一點工夫，替愛犬打造出更舒適的環境吧！

消除高低落差

狗狗隨著年齡增長，腳腿力量會漸漸衰退，使上下階梯變得異常辛苦。室內有高低落差的地方，可以放置斜坡或較寬廣的階梯，減輕狗狗的負擔。

勤於整理

老犬因為視力變差，會比以前更容易撞到東西或是跌倒。將室內整理乾淨，東西仔細地收納起來吧！

減少室內空隙

如果狗狗鑽入空隙，可能無法靠自己的力量爬出來。檢視家中環境，即使是狹小的空隙也要消除，避免狗狗進入。

凸出處貼上緩衝材料

狗狗老後容易因碰撞而受傷，請在桌角等狗狗可能會撞到的地方，貼上緩衝材料，以避免狗狗受傷。

以狗狗的高度測量環境溫、濕度

狗狗變成老犬之後，身體會因為一點點的變化而難以適應，變得異常敏感。請以狗狗的高度而非人類的高度測量濕度與氣溫，盡量將環境保持在一定的狀態。

讓狗狗感受家人的氣息

成為老犬之後，狗狗午睡的時間會逐漸拉長，有些人主張讓狗狗在沒有人的安靜環境中休息，但其實應該要讓牠待在可以感受到家人氣息的地方，才能安穩休息。

地板鋪設防滑材質

為了消除狗狗的負擔，地板請鋪設止滑材質，可以鋪上軟木塞墊、地毯，或在磁磚上抹一層止滑蠟。

不改變家中擺設

視力變差之後，狗狗會記牢房間內的位置，憑著記憶行動。這時，如果怕狗狗撞到東西而改變家具的陳設，反而會阻礙牠的行動。因此，請趁早整理屋內的家具，把會造成危險的物品事先收納起來。

廁所設置於出入方便之處

如果狗狗休息的地方離廁所較遠，最好把它拉近一點，如此一來，就可以改善狗狗亂大小便的情形。

室內設置加濕器

肌膚乾糙很容易會受傷，如果想避免狗狗的肌膚變得乾糙，可以在家中裝設加濕器。

Q. 狗狗養在屋外，該怎麼照顧？

A. 可以養在室內的話那是最好的，如果非得養在室外的話，就要配合溫差照顧。夏天時，請在狗屋周遭設置遮蔭處，或是活用涼涼墊，幫助狗狗散熱；冬天則要在狗狗的行動範圍內，讓他充分接受日曬，並將熱水袋或毛毯放入狗屋，以利保暖。

另外，狗狗上了年紀之後，身體狀況容易改變，請隨時留意狗狗的狀況。如果狗屋可以移動，就將它放置在從客廳一眼望去就能看見的位置，讓狗狗感受得到家的氛圍。如果長期不跟狗狗說話，牠很可能會罹患癡呆症，即使養在室外，也要多花時間與狗狗互動。

餐後刷牙

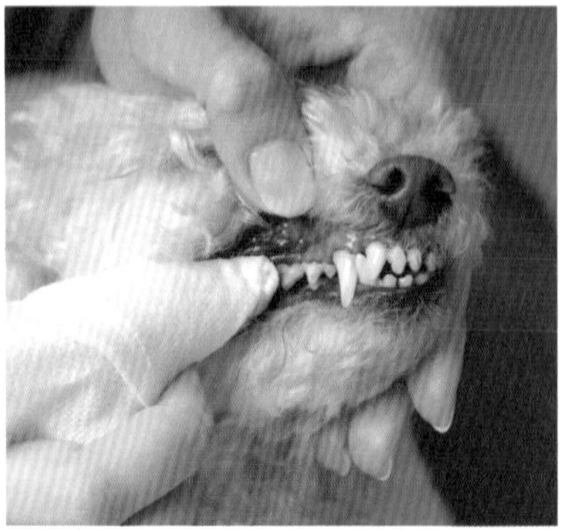

老狗牙齒的毛病特別多，例如：牙齦炎、牙槽膿漏，以及因老化或疾病造成的口臭、掉牙。可以每天用牙刷幫牠刷牙，或是將化妝棉纏在手上，替狗狗擦拭。

擦拭眼周

眼睛一旦附著眼屎等異物，就容易滋生細菌，用乾燥的化妝棉，輕輕地幫狗狗擦拭吧！也可以使用生理食鹽水，進一步清潔狗狗的眼周。

化妝棉の使用方式

1

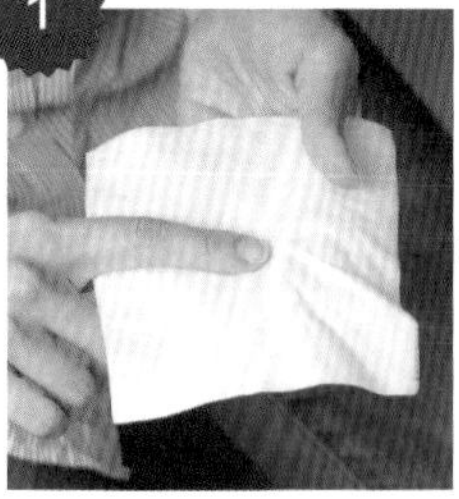

將指頭放在化妝棉的正中央。

2

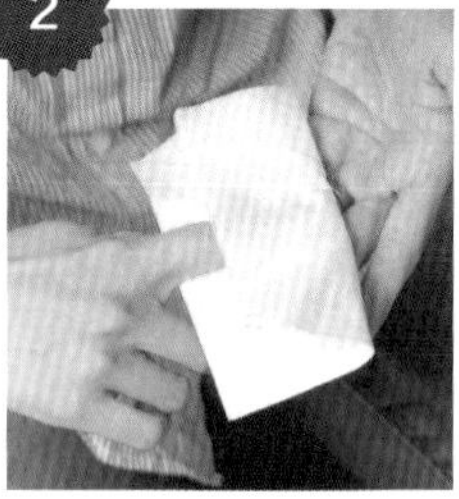

化妝棉對折夾住指頭。

3

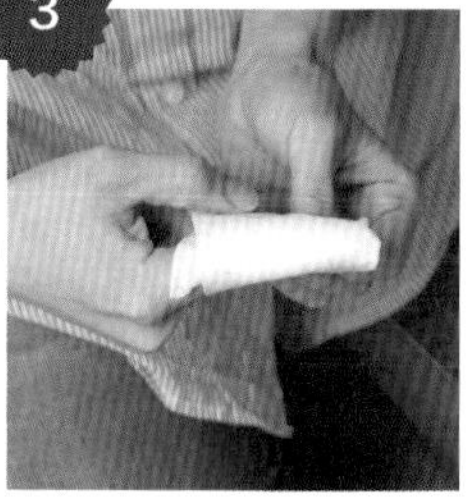

再一圈圈地纏繞在手指上。

Q. 老狗適合麻醉洗牙嗎？

A. 不用麻醉，用簡易洗牙機就能清除附著在齒間的結石，但牙齒的內側就無法清洗乾淨了。牙結石是細菌的堆積，嚴重時甚至會引起內臟疾病，如果得到了牙槽膿漏，更會痛到無法進食，演變到這個程度，就只有拔牙一途了。為了避免這些問題，建議在上了年紀之前，就先幫狗狗把牙齒清乾淨吧！

定期修剪腳底的毛

為了防止狗狗滑倒，請每週修剪一次腳蹼之間的毛。

修剪肛門周邊的毛

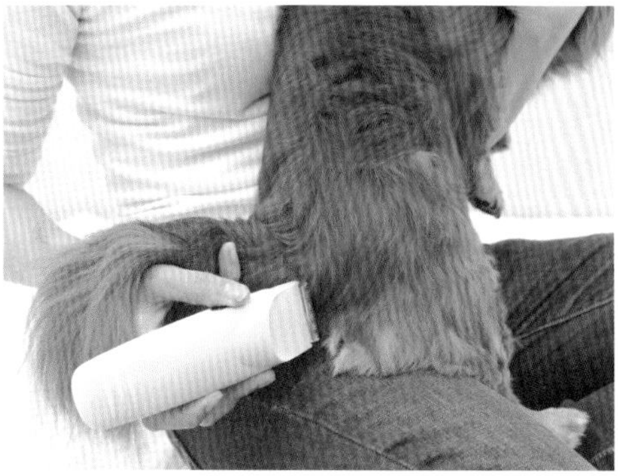

當排出的糞便較稀軟，或是沒擦乾淨，狗狗的屁股附近就容易變髒。請每月一次，用剃毛刀剃掉肛門附近約1～2cm的毛，以保持清潔。

公狗陰莖前方的下腹部，很容易殘留尿漬，剃掉周遭的雜毛，會比較容易清洗。

塗抹凡士林，防止裂傷

狗狗的鼻子、耳朵或手腳，如果乾燥就容易受傷。可以在這些地方塗上狗狗專用的乳霜，或使用凡士林，提升保濕力、去除老舊角質。

定期保養腳蹼

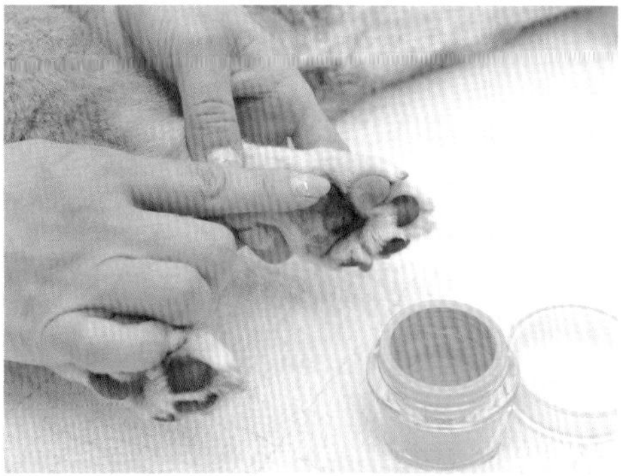

腳蹼可以用狗狗專用的乳霜來加強保濕。

獨自抬起大型犬

體型嬌小者

將手伸進前腳與後腳內側

飼主先蹲在狗狗身邊，將手伸進前腳與後腳內側左右兩邊的最頂端。狗狗的頭朝向哪一邊都沒關係。

抬起時，讓狗狗背部呈現水平

將狗狗抬至胸前，讓狗狗身體呈現水平狀，用飼主的雙手與胸口這三點來支撐，有如吊桿槓一般，將狗狗拉到自己胸口。

獨自抬起大型犬

體型高大者

將手伸進前腳與後腳外側

如果是體型高大的男性，直接把手伸進狗狗前腳與後腳的內側，會不容易抬起。因此，可以改將手從外側環繞，抱住狗狗前腳外側的肩胛骨部分，與後腳外側靠近屁股的部分，再一鼓作氣抬起。

抬起時，讓狗狗背部呈現水平

飼主一定要蹲下，用手腕勾住肩胛骨，而非勾住狗狗的脖子。抬起時，請讓狗狗的身體保持水平，如此一來，比較不會對狗狗的腰部造成負擔。

抱狗狗の最佳姿勢

狗狗怎麼抱，才不會傷及腰部？

狗狗邁入高齡期之後，為了移動而必須要抱起牠的機會就增加了。抱起二十公斤以上的大型犬時，有不少飼主會因為姿勢不正確而傷及腰部，為了讓飼主能以更流暢的姿勢抱起狗狗，請記住「盡量把腰蹲低一點」和「將狗狗抱在胸前」這兩個原則。

正確抱狗姿勢，從「蹲下」開始

抱狗時不要直接彎下腰，請先蹲到狗狗身旁，再將狗狗慢慢地抱起。另外，在抱起狗狗時，如果背脊挺得太直，也會有受傷的危險。因此，在抱狗時請盡量不要駝背，而是保持身體稍微前傾的姿勢。

以稍微前傾的姿勢伸直背脊，一邊把狗狗拉近胸口，一邊慢慢地站起來。

直接下腰會弄傷腰部，也不要把手勾在狗狗的脖子上。

合力抬起大型犬 兩人

先蹲下做預備動作

兩人一起蹲在狗狗身邊，其中一人用雙手撐住狗狗的前腳內側與外側肩胛骨一帶，另一人則撐住狗狗的下腹部與屁股。

同時將狗狗拉近胸口，再慢慢站起來

彼此配合呼吸，一起將狗狗抱到胸口。兩個人一起抱的話，狗狗也會比較安心。抱起時，要盡量讓狗狗的身體保持水平狀。

中型犬の抱法

蹲到狗狗身邊，將手伸進前腳與後腳之間左右距離最寬的地方。

把狗狗拉近胸口，抬起時，盡可能讓狗狗的背部保持水平。

小型犬の抱法

蹲到狗狗身邊，用單手支撐前腳內側至肋骨一帶，另一手則扶住屁股。

把狗狗拉近胸口，輕輕地抱起。

狗狗體型較長時……

如果狗狗的身體較長，突然抱起，會對狗狗的腰部造成負擔，甚至會導致椎間盤突出。請將手伸進前腳後方的肋骨部份，以及後腳內側的下腹部，再慢慢地抱起，讓狗狗背脊保持水平狀態。

把狗狗拉近胸口，輕輕地抱起。

NG！四種常見錯誤抱法

嬰兒抱

全身重量都會落在狗狗的腰部。

在站立時抱起

不只腰部，對後腳關節也會造成負擔。

趴抱

身體的重量，會對腰部造成極大的負擔。

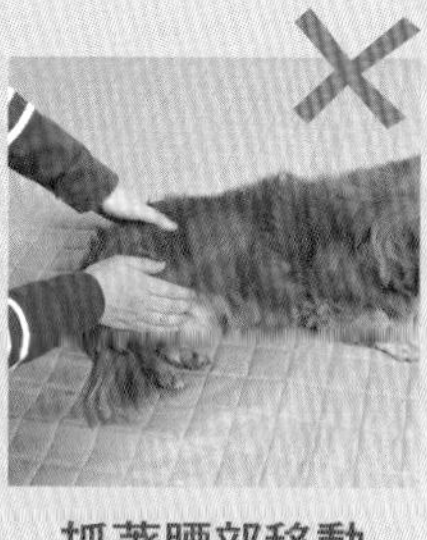

抓著腰部移動

會對腰部造成負擔。

老後清潔很重要！替高齡狗狗洗澡的方法

替尚能步行的狗狗清洗全身

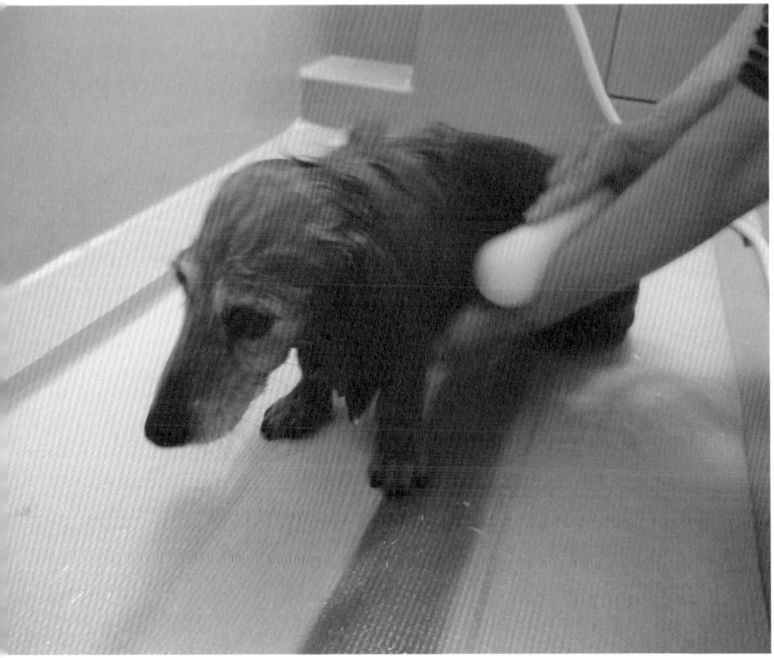

便利小物

瑜伽墊

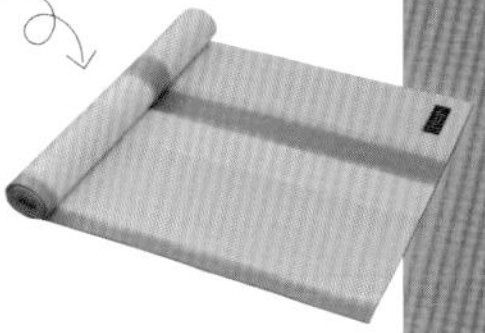

Point 濕度太高，易造成狗狗呼吸困難

在浴室洗澡或用吹風機替狗狗吹毛時，如果處於密閉空間，濕度就會提高。太過潮濕的環境，容易造成狗狗呼吸困難，建議適度抽風之後再繼續進行。

Point 盡快清洗，盡快吹乾

年紀大的狗狗會因為體力不足而容易感冒，因此要盡快清洗，盡快吹乾。洗毛精、吹風機、浴巾等必需品，請在狗狗洗澡前事先備妥，洗毛精以熱水稀釋，避免狗狗著涼。

Point 別將水直接淋在狗狗頭上

因為喉頭的肌肉衰退，熱水很容易一不小心就流進支氣管裡。替狗狗清潔臉部時，請用擰乾的濕毛巾輕輕擦拭即可。

Point 避免不慎滑倒

就算狗狗能自行走路，在濕潤的浴室地板上還是會容易滑倒。請先在地上鋪設瑜珈墊或較厚的毛巾，再來替狗狗清洗身體吧！

Point 一邊支撐狗狗的身體，一邊清洗

身體打濕之後，狗狗的腳會承受加倍的重量，接著因為肌力衰退，而形成雙腳岔開的狀態。飼主可以在幫狗狗清洗時，用單手支撐狗狗的身體，以避免跌倒。

協助無法站立的狗狗入浴

便利小物

洗衣盆

Point 準備適合狗狗體型的洗衣盆

如果狗狗走路時搖搖晃晃，就利用洗衣盆幫牠洗澡吧！為了避免狗狗跌倒，請牠在洗衣盆內坐下或躺下，再開始清洗。（請留意熱水的高度，避免狗狗的頭浸在水裡）也可以使用底部附有排水孔的嬰兒用浴槽，非常方便。

Point 開始洗澡囉！

盡快清洗、盡快吹乾是老犬入浴的要點。洗毛精加熱水稀釋，注滿整個洗臉盆之後，就帶狗狗到浴室吧！

Point 鋪設止滑墊

在洗衣盆下方鋪設瑜珈墊或浴巾，避免洗臉盆移動。

Point 準備兩支吹風機

如果是大型狗，最好準備兩支吹風機，快速吹乾，避免感冒。

替行動不便的狗狗做局部清洗

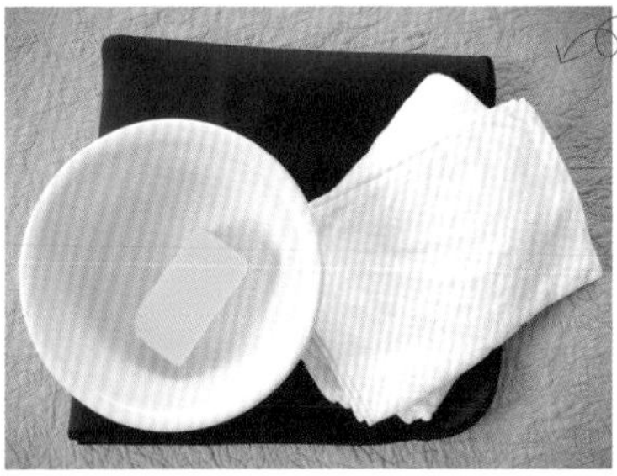

便利小物

臉盆、海綿
防水墊、浴巾數條

Point 直接就地清洗

如果行動不便，進入浴室不僅得花費狗狗許多力氣，對飼主而言也相當辛苦。這時，不用勉強狗狗到浴室，就在房間內就地清洗吧！

Point 使用免沖洗洗毛精

局部清洗如果使用一般洗毛精，一定無法確實沖洗乾淨。這時，不妨選擇免沖洗的洗毛精，或直接用熱水清洗。

Point 分次逐步清洗

為了避免感冒，只要清洗骯髒的部位即可，洗完請盡快替狗狗吹乾。例如：今天只洗右腳，明天只洗屁股，分次清洗不同的部位，才不會對狗狗的身體造成負擔。

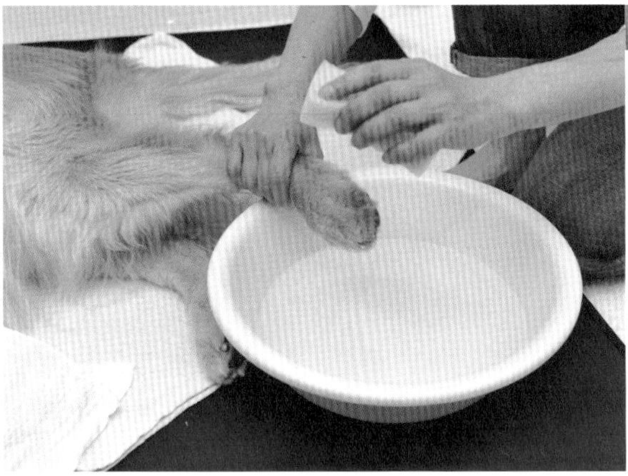

清洗四肢

在防水墊上鋪好幾層浴巾，將要洗的部位放在毛巾上，臉盆裡注滿約38度的熱水，再用海綿吸水，擰在欲清洗的部位上。如果毛巾上有髒汙或濕透了，就替換一條乾淨的。

清洗屁股

和洗腳的方式一樣，準備防水墊、浴巾、注滿熱水的洗臉盆和海綿，再以同樣的順序清洗。洗完之後，挪開身體下方濕透的毛巾，並迅速用吹風機吹乾。

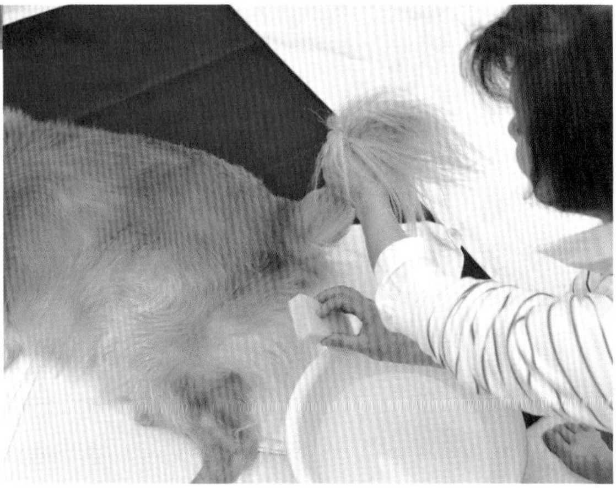

清洗後，讓狗狗充分休息

雖說是局部清洗，但洗澡時狗狗也是會消耗體力的，洗完之後挪出讓狗狗可以悠哉午睡的休息時間吧！

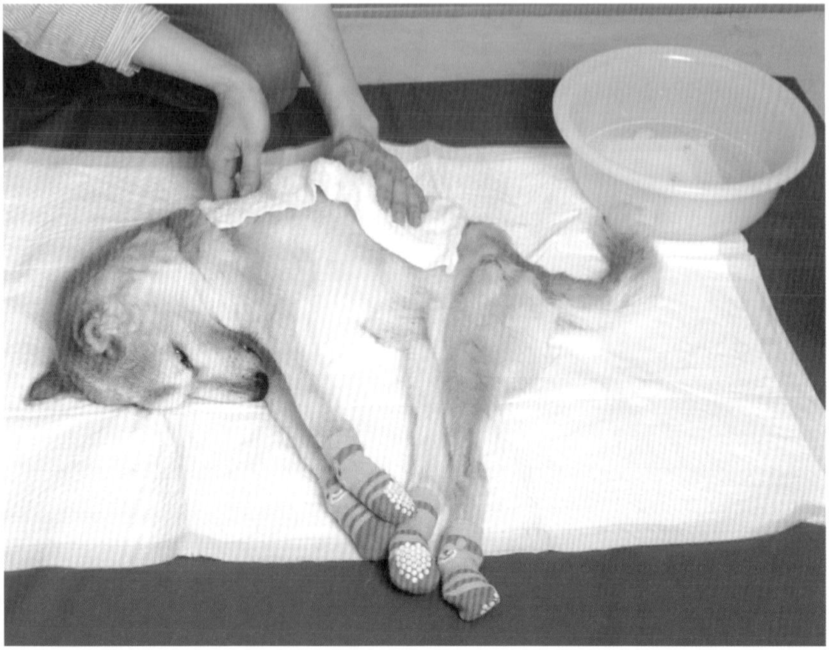

替臥床的狗狗擦澡

便利小物
乾洸劑
臉盆

Point 以毛巾擦拭

毛巾浸濕之後用力擰乾，再輕輕地擦拭身體。

Point 用吹風機吹乾

狗狗的毛如果太濕，請用吹風機吹乾以避免感冒。

Point 以撫摸的方式輕輕地擦拭全身

狗狗一旦臥病在床，很容易就產生褥瘡或是皮膚逐漸變薄。擦澡時請不要過度用力，改以撫摸的方式輕輕地擦拭。

Point 眼睛和嘴巴周圍要仔細清洗

眼睛及嘴巴周圍很容易弄髒，請仔細地替狗狗擦拭乾淨。

以毛巾擦拭

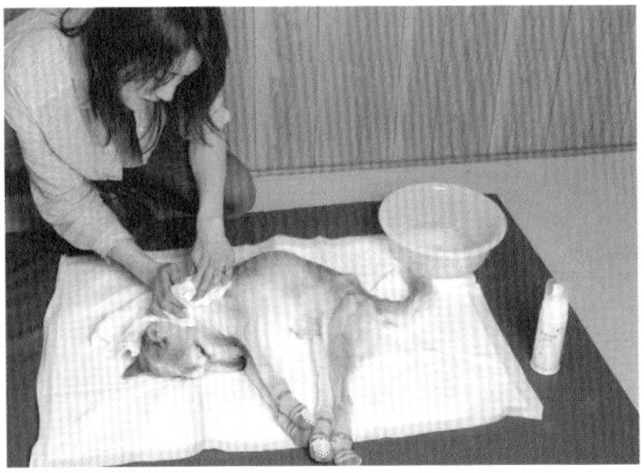

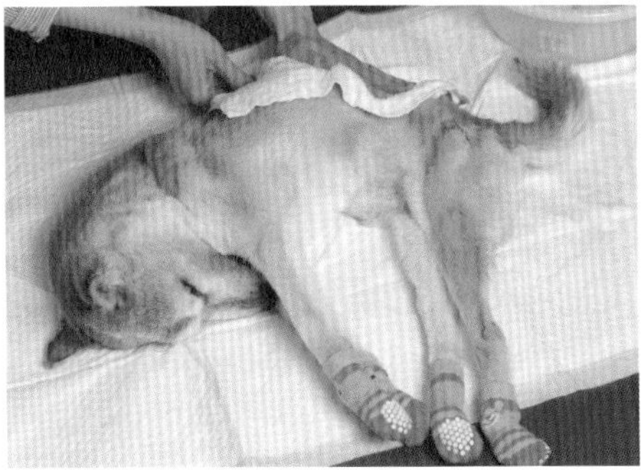

輕輕地擦拭全身

毛巾浸濕之後用力擰乾，從脖子往下像按摩般輕柔撫拭。

以乾洗劑清洗

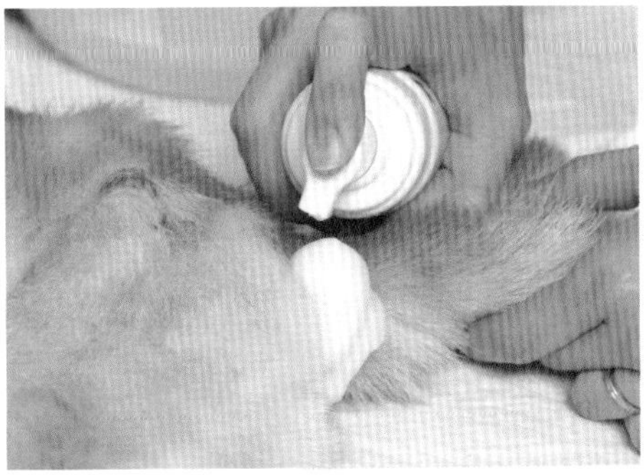

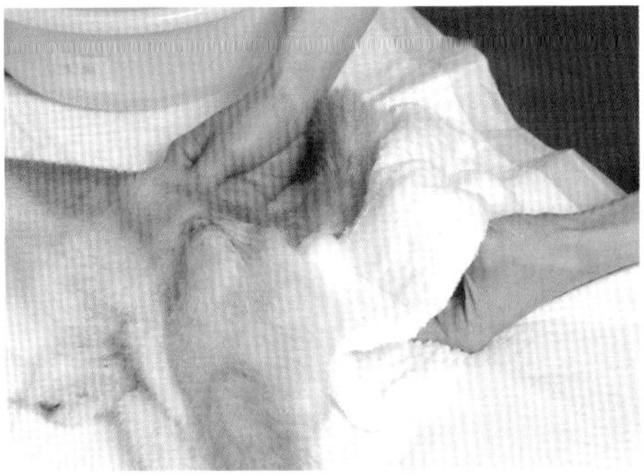

容易弄髒的地方，就用乾洗劑清洗

屁股等容易弄髒的地方，請噴上慕絲型的乾洗劑，再用擰乾的熱毛巾，輕輕地拭去沾附在身體上的乾洗劑。

運用小技巧，協助狗狗排泄好輕鬆

成為老犬之後，如廁失敗率增加了？

CASE 1

被大便絆倒

狗狗到了老犬期，很容易被自己的大便絆倒，這是因為後腳肌力衰退、四肢越來越難以取得平衡的緣故。另外，狗狗也可能在大便的途中，因為兩腿無力，而坐在自己的大便上。

CASE 2

隨地大小便

狗狗隨著年紀增長，會越來越無法忍耐，常常來不及走到廁所就隨地排泄，漸漸地，也就無法在固定的地方大小便了。

注意！這也是老化的警訊？！

不抬起單腳，直接尿尿

隨著年紀增長，狗狗在三隻腳站立的狀態下，會漸漸無法支撐體重。所以，以往習慣抬腳尿尿的狗狗，突然不抬腳了，可能就是老化的警訊。

Point 將手扶在不會沾到尿液的位置，支撐狗狗的身體。

協助排尿

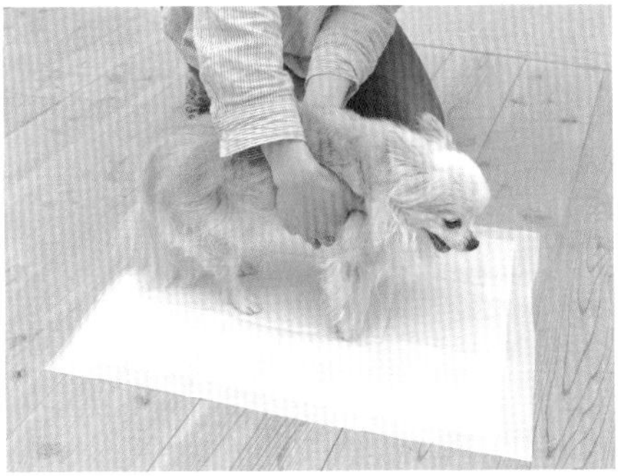

公狗の情況

雙手扶著狗狗腋下支撐狗狗的體重，讓狗狗站著排尿。

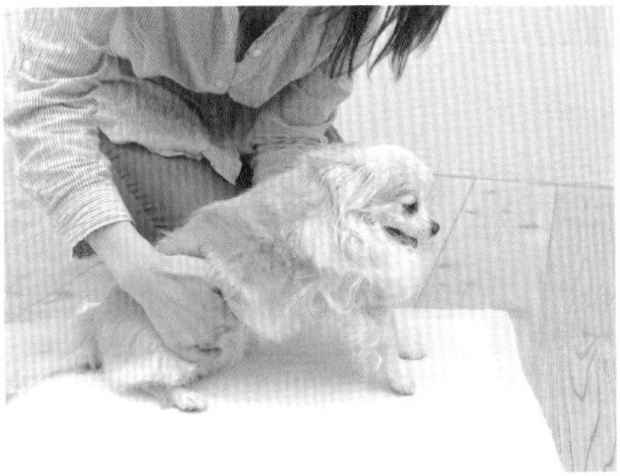

母狗の情況

讓狗狗臀部觸地，呈坐姿，一手撐住狗狗腹部，另一手則撐住胸部。

協助排便

支撐體重，幫助狗狗出力

從前方抱住狗狗，一手放在狗狗胸口，另一手則放在腹部上，支撐狗狗的體重。

當狗狗沒力氣抬起尾巴時

如果尾巴垂落，另一人可以幫忙把狗狗的尾巴抓起來。

Point 為了避免搖晃，請從後方往上抬起。

協助排尿

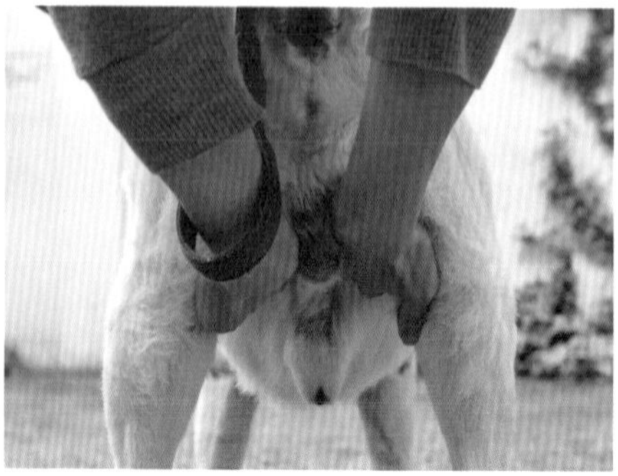

公狗の情況

雙手由大腿內側伸入，從後方支撐狗狗。將左手放在左後腿內側，右手則放在右後腿內側上，讓狗狗的腳稍微打開。

母狗の情況

用雙手支撐狗狗左右兩側接近大腿根部的部分。

不要放棄，直到狗狗習慣為止

第一次支撐狗狗的身體時，狗狗可能會覺得疑惑而無法順利排泄。這時，除了「一、二、一、二」地幫牠喊話外，也可以適時給予鼓勵，替狗狗加油打氣。另外，一旦狗狗離開如廁場所，開始四處閒晃時，請試著去支撐牠，久而久之，狗狗就會習慣了。

協助排便

支撐體重，幫助狗狗出力

和女生尿尿的方式一樣，用雙手支撐狗狗左右兩側接近大腿根部的部分。

活用排泄用輔助背帶

散步時，狗狗可能突然想大便。可以替狗狗戴上排泄專用的輔助背帶，帶牠到四處隨意繞繞。

當狗狗一直聞著地面，停下腳步不動的時候，請將狗狗的屁股往上拉抬，協助狗狗排泄。

市面上有販售多種不同機能的輔助背帶，如果狗狗衰退的程度還不嚴重，飼主可以用手支撐，幫助狗狗排泄；如果狗狗走路會搖搖晃晃，就建議使用輔助背帶。四肢無力的狗狗，外出散步如果不同時配戴上半身用背帶和下半身用背帶，光靠飼主一人是無法支撐住的。

Point 盡量讓狗狗在站立的狀態下排泄。
等狗狗站起來之後，就用P111～113的方式支撐狗狗的身體。

協助狗狗站立

如果狗狗的後腳力量較弱，就撐住腹部及臀部，讓牠站立。將手伸入後腳內側，支撐體重以避免癱軟。

在外排泄之後，以正確姿勢替狗狗擦腳

幫狗狗擦腳時，如果把單腳抬起，讓牠以三隻腳站立會非常不穩，很容易跌倒。請從下腹部將手伸入內側，再抬起狗狗的腳擦拭，如此一來，狗狗的身體就能得到支撐。

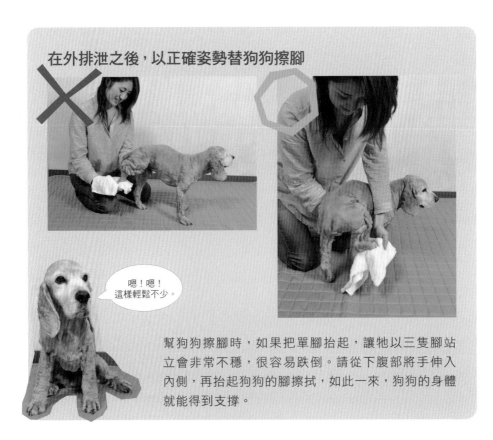

Point 長期臥床的狗狗因為缺乏體力，很容易便祕。
替狗狗輕輕地按摩腹部，促進排泄吧！

協助臥床不起的狗狗排泄

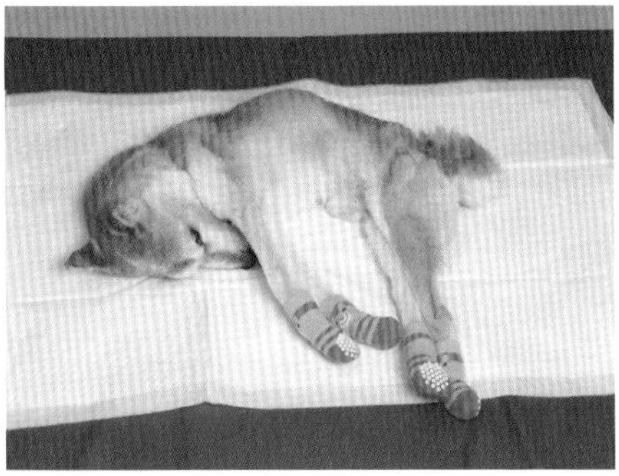

鋪上尿片墊

如果狗狗無法動彈，不要讓牠穿尿布，請在屁股下方直接鋪上尿片墊。

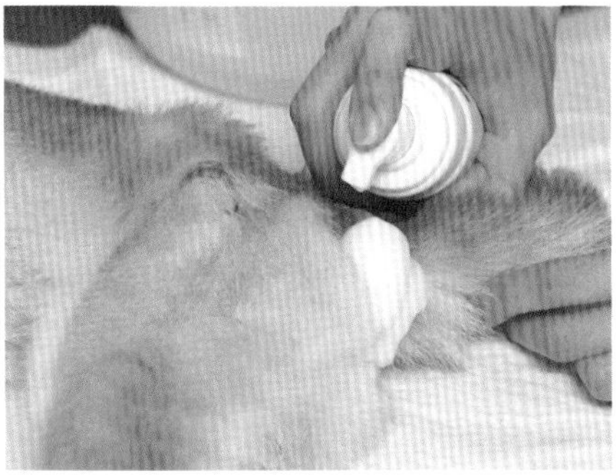

用濕紙巾擦拭

如果狗狗自然地大小便，就用嬰兒濕紙巾和乾洗劑幫牠擦拭、清潔，並更換尿片墊。

狗狗無法自然排泄，該怎麼辦？

便祕時請試試「の字型按摩」 ➡ P116

無法順利排尿時請「強制排尿」 ➡ P117

無法順利排便時請「輔助排便」 ➡ P117

藉由排泄時間，改變一天的生活節奏

若是臥病在床的話，可以在固定時間幫助狗狗排便，創造生活節奏。另外，對狗狗說：「想不想便便呢？」、「要不要尿尿看？」之類的話，對狗狗的大腦也是一種非常良好的刺激。

改善便祕的「の字型按摩」

讓狗狗仰躺，像書寫「の」字般摩擦腹部

「の字型按摩」，效果顯著

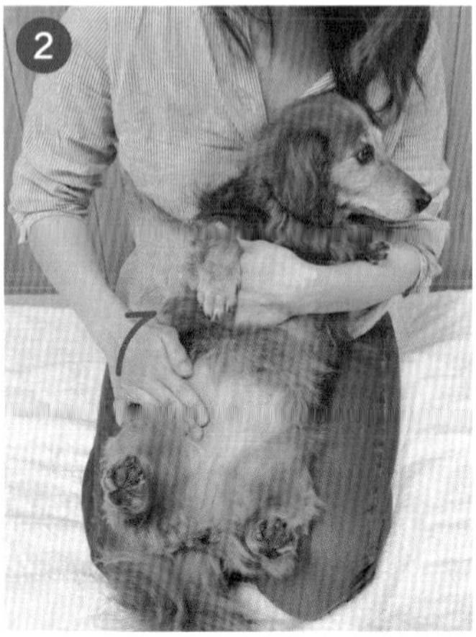

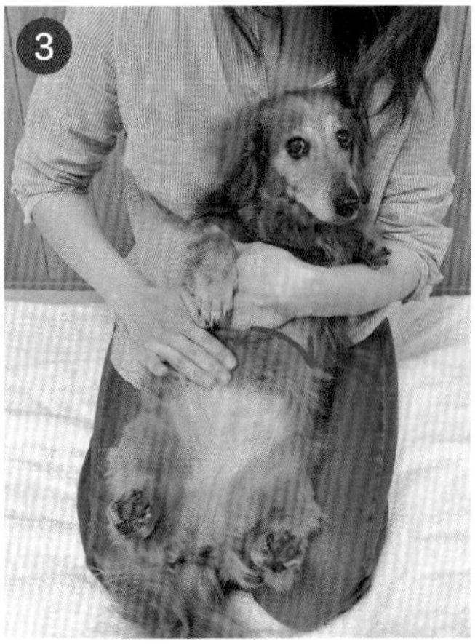

如果是小型犬，可以放在飼主膝蓋上讓牠躺下；如果是大型犬，讓牠直接躺著也無妨。右手像書寫「の」字一般，在狗狗的腹部周圍摩擦，按摩時不要用力按壓，以輕柔撫摸的感覺來摩擦吧！寫十次左右的「の」字就大功告成囉！

Point

大便過硬會難以排出，因此請在過度屯積前進行按摩。

強制排尿

Point

不要過度強壓。先確認膀胱的位置，一邊觀察狗狗的狀況，一邊進行。請務必遵循獸醫師的指示進行。

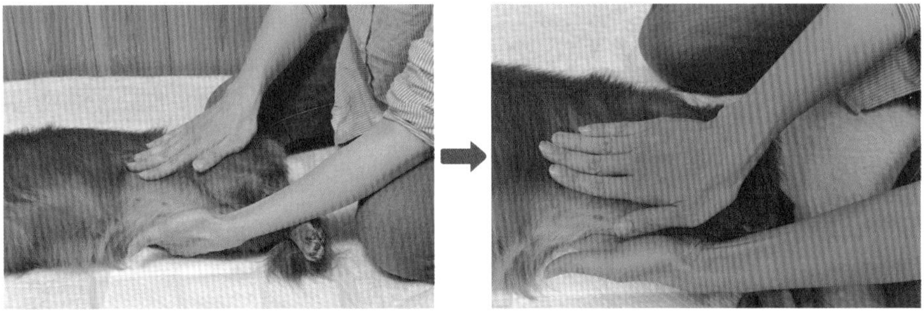

先讓狗狗躺在尿片墊上，用雙手輕輕地夾住狗狗膀胱一帶，像擠推般壓迫狗狗的膀胱。用力過度會對膀胱造成負擔，請小心進行。

輔助排便

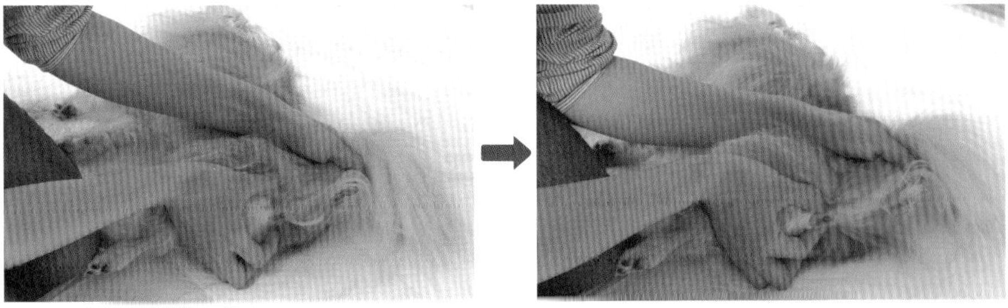

先讓狗狗躺在尿片墊上，觸摸身體，確認大便的位置。左手壓住狗狗的尾巴，用右手拇指與食指，往肛門的方向輕輕地推擠，刺激狗狗排便。推擠時，請注意不要讓指甲刺傷狗狗的皮膚。

替家中狗狗穿上尿布吧！

如果狗狗開始尿失禁，排泄時間也變得頻繁，使用尿布會比較方便。如此一來，不但狗狗身體不會因為排泄物而弄髒，飼主也會輕鬆許多。

如果市售的犬用尿布不符合狗狗尾巴的位置，或是一穿就掉，不妨試著改造嬰兒用尿布，讓狗狗穿上。

尿布的尺寸

尿布尺寸請依狗狗體型的大小來選擇，像吉娃娃等超小型狗狗可選擇新生兒用尺寸；玩具貴賓等四公斤以內的狗狗，可以選擇S尺寸；胸圍結實的臘腸犬、柴犬、柯基犬或法國鬥牛犬則是M尺寸；獵犬等大型犬是L尺寸，超大型犬則選用XL或是更大的尺寸。

先以「試用品」確定尺寸

從嬰兒尿布的外包裝，很難看出尺寸是否適合。各位不妨先至大型超市或嬰幼兒用品專賣店索取試用包，試著替狗狗穿看看，等到確定尺寸之後再購買量販包吧！

屁股周圍的毛要剃嗎？

穿上尿布，屁股就容易沾附便便，屁股或肚子就容易弄髒。若會在意，也可以拿剃毛刀將容易骯髒部位的毛剃掉。

動手做狗狗の專屬尿布

※像法國鬥牛犬這種沒有尾巴的狗狗，就沒必要在尾巴位置開一個洞，
可以直接替牠穿上嬰兒用尿布。

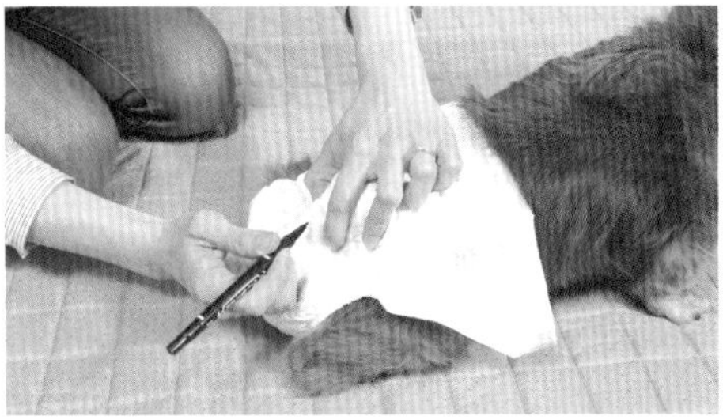

❶ 以麥克筆做記號

拿起嬰兒尿布，稍微比一下狗狗的屁股，找到尾巴根部的相應位置後，再用麥克筆做記號。

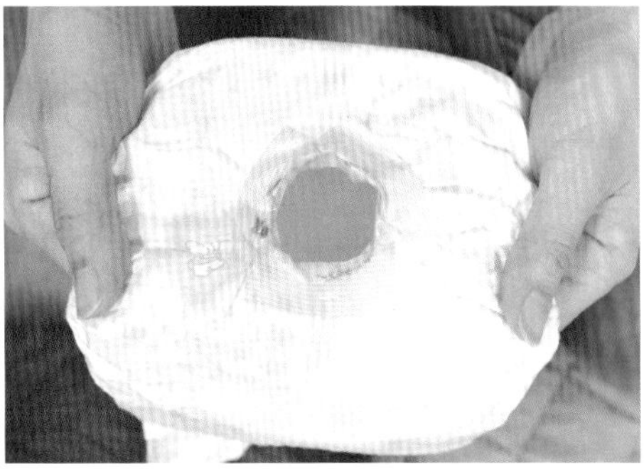

❷ 沿線剪下

用剪刀沿線剪下，做一個圓形的洞，接著再以膠帶固定四周。

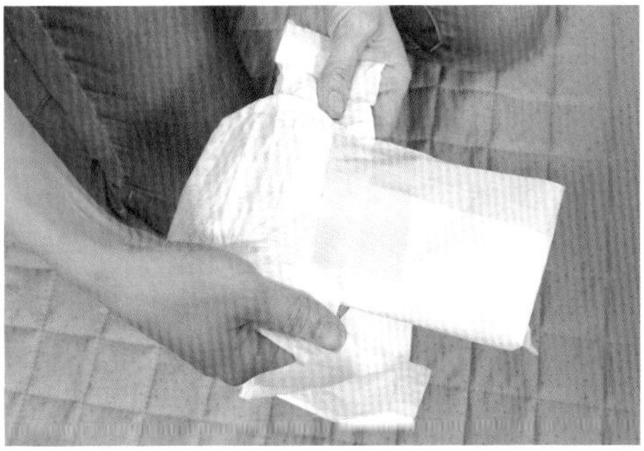

❸ 折成四角形

將尿片墊折成四角形來隱藏狗狗的陰莖，並以膠帶固定。

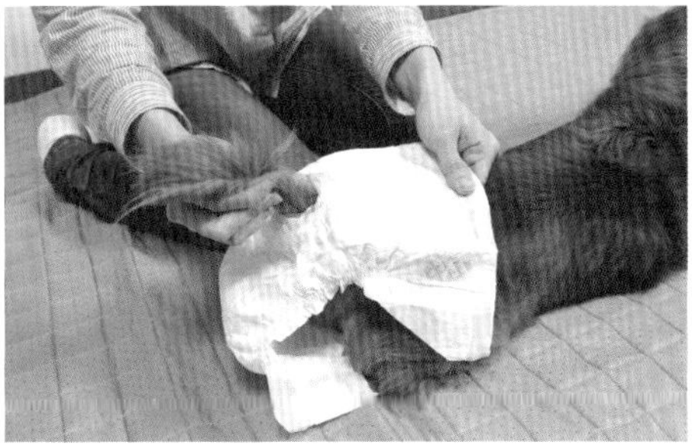

❹ 替狗狗穿上

將尾巴從洞中拉出，穿上後再以尿布膠帶固定。如果是公狗，請確認陰莖是否完整包覆。

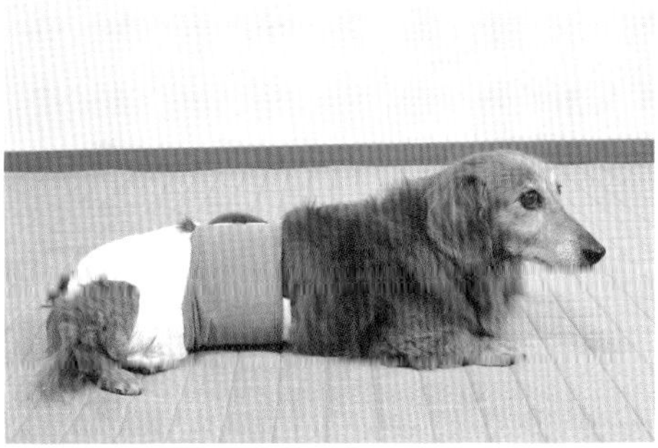

❺ 以禮貌帶固定

尿布上方纏上禮貌帶固定，就不容易脫落。

注意！常見の尿布摩擦問題

狗狗穿尿布常常見到的問題，就是尿布摩擦。尿布的鬆緊帶或膠帶的凹陷處容易摩擦，進而形成傷口。替狗狗穿上尿布後，不要置之不理，請隨時觀察，盡量縮短穿戴的時間吧！另外，如果已經形成傷口，請鋪上衛生棉等作為保護。

直接吞嚥藥錠

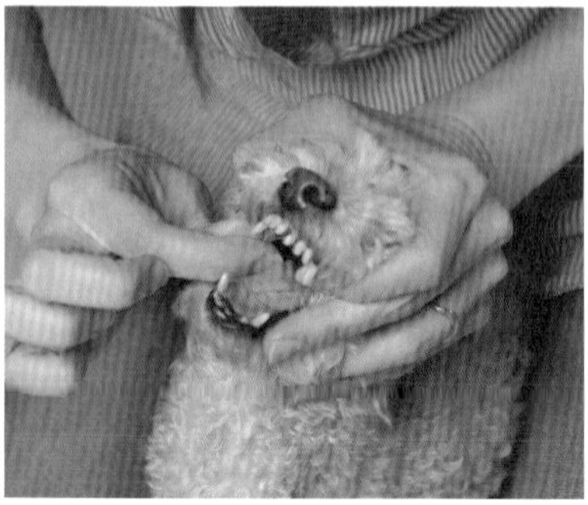

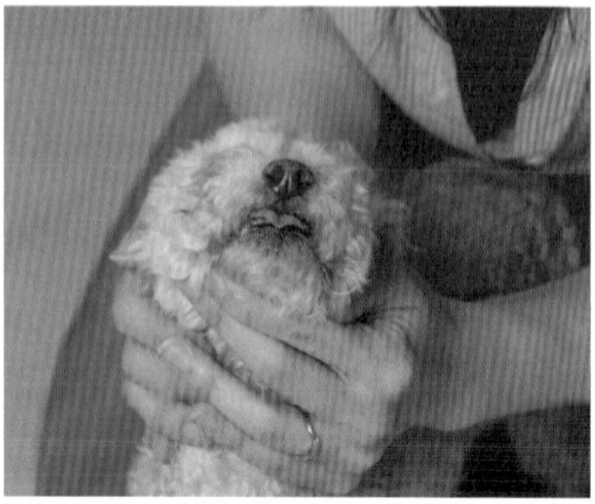

左手打開狗狗的嘴，右手將藥放入狗狗的舌頭深處，再闔上嘴巴並摩擦喉嚨。如果狗狗伸出舌頭，就代表已經吞下去了。

裹在麵包裡餵食

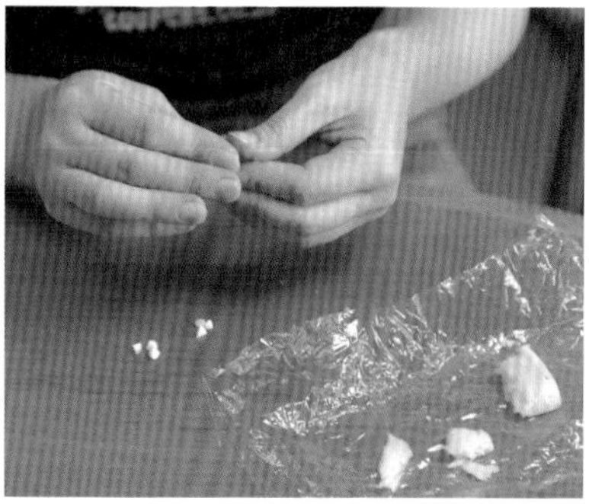

用剪刀或美工刀等將藥錠對切，包裹在麵包或起司等食物裡餵食。

分散狗狗注意力，避免舔舐藥膏

外用藥膏要花10～15分鐘才能滲透，因此，這段期間要花點心思，避免狗狗舔舐患部。在吃飯或散步前，可以用其他東西引開狗狗的注意力，接著再替狗狗擦藥。擦完藥之後也可以用玩具跟他玩耍，轉移狗狗的注意力。

磨成藥粉服用

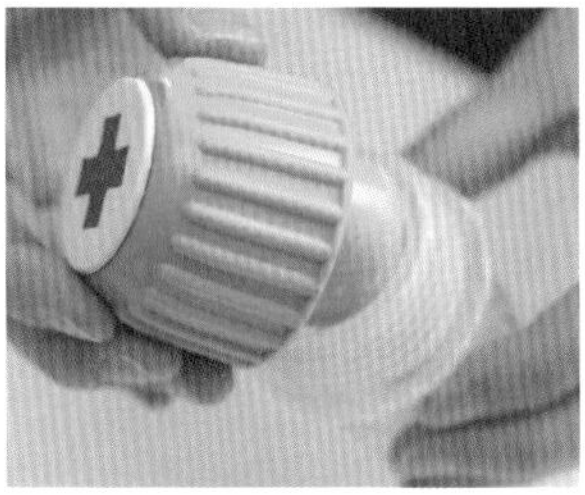

用市售的「切藥器」將藥錠磨成粉狀，淋在飼料上。

讓狗狗吃藥粉的方法

藥粉可以淋在飼料上，或是以水溶解之後用針筒餵食。

點眼藥水の方法

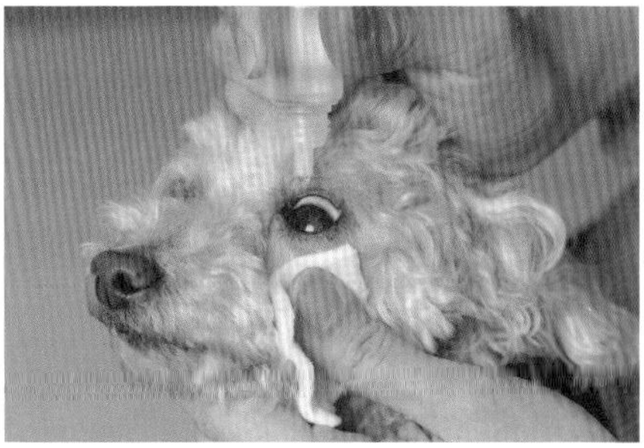

繞到狗狗身後，用雙手夾住身體，再撐大眼睛點眼藥水。

創造悠閒時光

到了老犬時期，身體逐漸不能隨心所欲行動時，狗狗難免會感到焦躁不安。這時，不妨試著替狗狗按摩，放鬆心情吧！藉由肢體接觸，讓彼此的關係更親密，融化愛犬與飼主的心，為生活增添更多悠閒的時光。

只按特定地方也OK

這是為了放鬆所做的按摩，所以並沒有特別的按摩順序。建議從最能讓狗狗感到舒服的臉部開始，依序是脖子、背部、腰部、尾巴、腳底，最後按摩全身。如果要在短時間內得到放鬆的效果，光是按摩脖子和腰部就足夠了。

讓狗狗展露笑容

放鬆按摩最大的目的，就是要讓狗狗露出笑容。不要只是揉搓肌肉，請溫柔地摩擦狗狗的皮膚。此外，也不用按照書逐一進行，狗狗不喜歡被按到的地方可以省略。

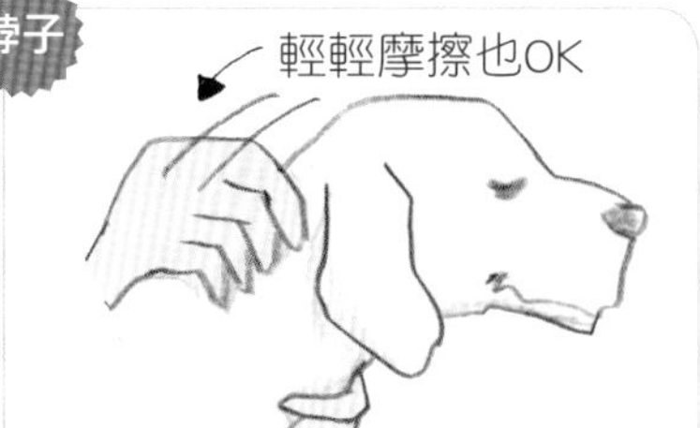

狗狗的脖子通常相當僵硬，幫牠揉一揉，狗狗就會非常放鬆。脖子的皮膚彈性很好，可以用整個手心輕輕地拉扯，以扭轉 30 度左右的方式慢慢地揉搓，如果狗狗的皮膚僵硬到沒辦法捏揉，輕輕地摩擦也可以。

接著，慢慢地揉搓狗狗的眼周和臉頰。雙手從正面捧住臉頰，大拇指以滑動的方式，從眼睛下方往耳朵摩擦。眼睛上方也如法炮製，一直摩擦到耳朵。下一步則是將指頭從嘴巴兩側滑動到耳朵。最後雙手握拳，以畫圓的方式從臉頰摩擦到耳朵下方。

腰部

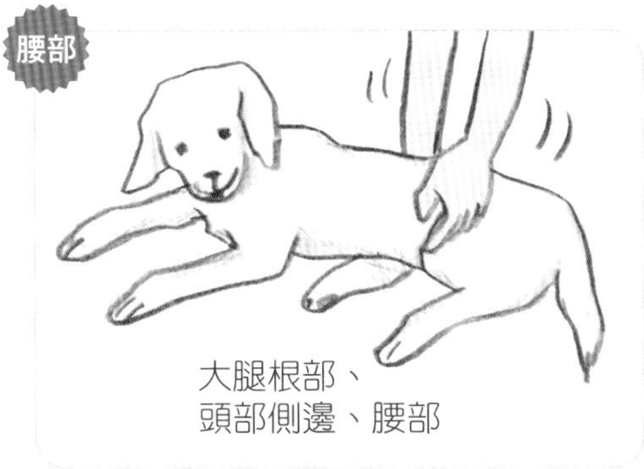

雙手放在狗狗身體的兩側，像畫圓一般摩擦。兩側也可以分開進行。

背部

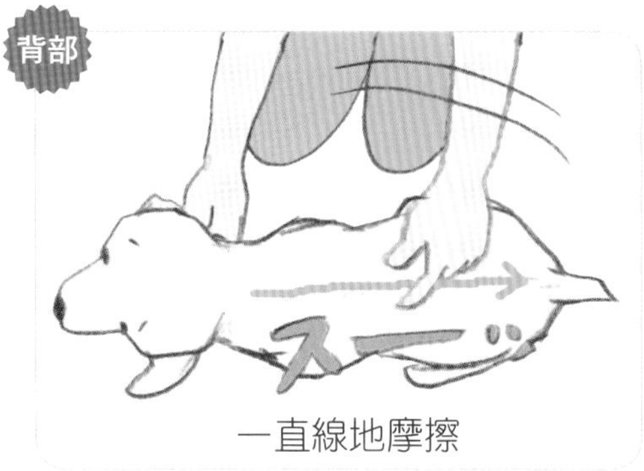

拇指與食指夾住背脊，從脖子到臀部呈現一直線地摩擦。請不要揉搓，摩擦過去就好。小型犬大概重複按摩個 2 ～ 3 次，大型犬則是 5 次左右。

尾巴

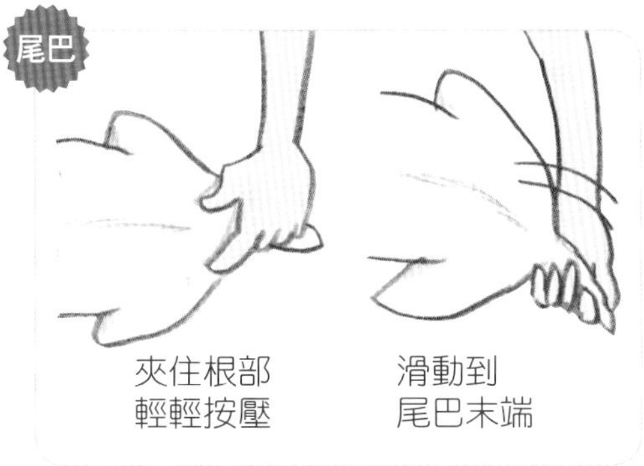

以拇指與食指夾住尾巴根部，輕輕按壓。接著，一手輕輕握住尾巴根部，滑動到尾巴末端。

腳蹼

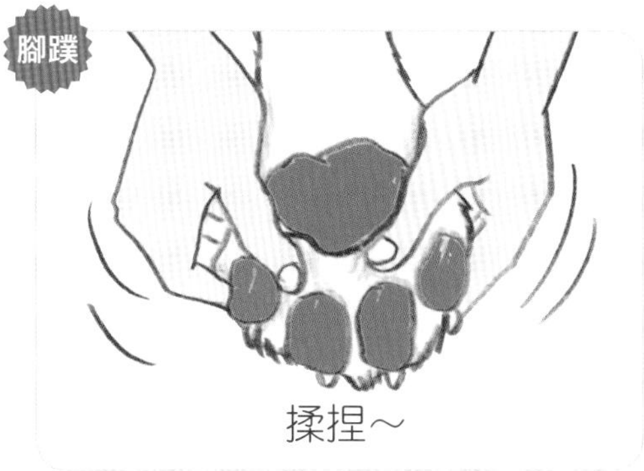

像是把腳蹼撐開一般，用大拇指輕輕地按壓。每隻腳各刺激約 5 ～ 10 秒。

摩擦全身

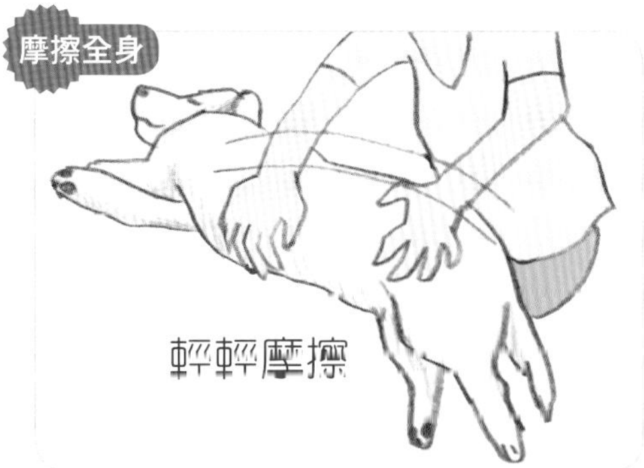

輕輕地摩擦腹部及背部，讓狗狗的身體充分暖和。

狗狗會因為「疼痛」討厭按摩特定部位

狗狗會排斥按摩，有可能是飼主按摩的力道過強；如果力道輕柔，觸摸特定的地方，狗狗還是會排斥地回頭看，請盡快找獸醫師諮詢看看。

初學者也可以輕鬆上手

愛犬の素描教室

講師：長友心平

製作流程

❶ 在列印下來的照片背面，用鉛筆塗滿。（10 分鐘）

❷ 轉印到畫紙上。（10 分鐘）

❸ 用竹筷沾墨，沿著輪廓描繪。（30 分鐘）

❹ 用水彩逐一著色。（30 分鐘）

準備物品

照片影本、圖畫紙（明信片尺寸）、鉛筆、竹筷（或竹鉛筆）、墨汁、透明水彩、吹風機、橡皮擦

❶ 準備一張明信片大小的水彩紙（A），與列印下來的愛犬照片（B）。

❷ 將（B）翻過來，用鉛筆整個塗滿。

❸ 將（B）重疊在（A）上方，以鉛筆慢慢描繪愛犬的輪廓。

❹ 輪廓線條會淡淡地轉印在水彩紙上。

5 用削尖的竹筷（或竹鉛筆）沾墨，沿著輪廓慢慢地描繪。有粗有細的線條變化，會散發出獨特風味。

6 描繪完成之後，再用吹風機確實地烘乾。

7 將轉印的鉛筆線條擦掉。

8 用水彩慢慢著色。從陰影的部份開始，以明亮的顏色逐一上色。

9 瞳孔要保留一點白。

※請參考不同犬種的瞳孔描繪方式。（p126）

這次的麻豆是黃金獵犬小花

來觀察各種狗狗的眼睛吧！

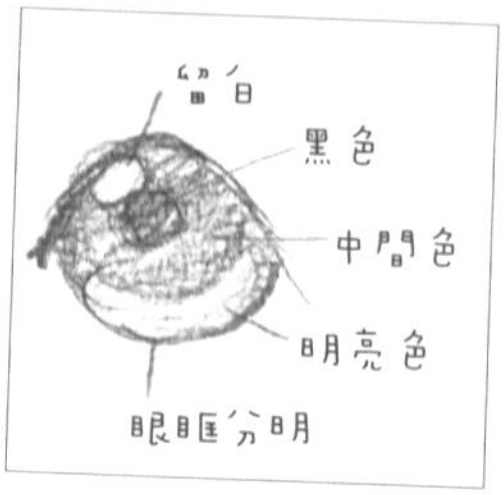

法國鬥牛犬

眼睛形狀尖尖的，
畫出眼球往前突出的感覺。

黃金獵犬

畫出垂垂的雙眼皮，
描繪出溫和感。

吉娃娃

眼睛大而分明。
仔細地觀察眼尾以及眼睛與眼睛之間的感覺吧！

貴賓狗

水汪汪、黑眼球很明亮。
要描繪出眼球咕溜咕溜的感覺。

臘腸狗

眼尾有點下垂，
眼睛是栗子狀的。

拉布拉多

輪廓鮮明，雙眼皮及下垂的雙眼，
散發出討喜的神情。

⑩ 逐漸把顏色加重。光線照到的部份，就用留白表現吧！

⑪ 仔細地描繪毛髮。閉上眼睛撫摸愛犬，就能感受到明顯的毛流。

⑫ 完成了！背景選擇照片裡的綠色，和愛犬的暖色調呈現對比。

用細筆在輪廓上增添律動感。

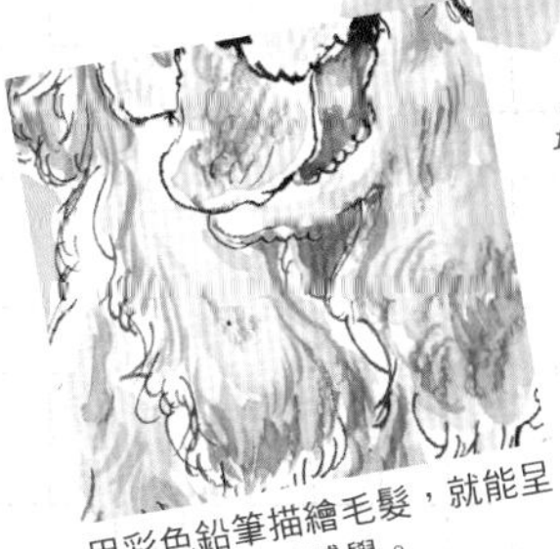

用彩色鉛筆描繪毛髮，就能呈現栩栩如生的感覺。

8月份所舉行的18歲生日派對上，聚集了許多米格魯朋友。照片中左邊是啾比，右邊是同樣已經18歲的歐斯丁。

CASE 4 18歲米格魯 啾比の生活

志村敦子小姐（居住於琦玉縣）
啾比（米格魯／18歲／公）

本文刊登於《愛犬之友》2008年11月號

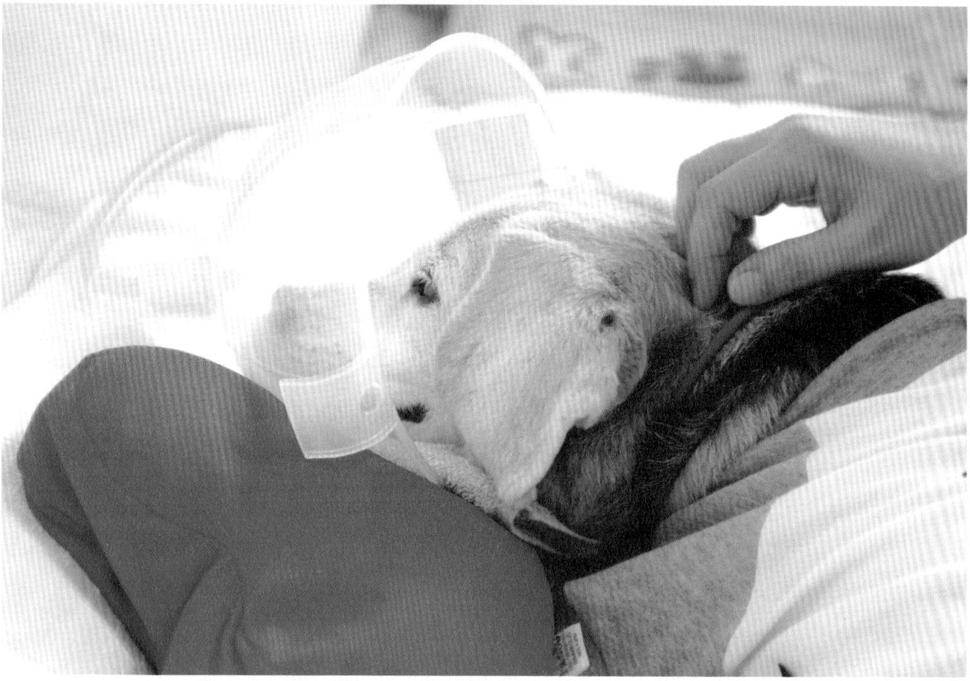

▲志村小姐自製的啾比專用氧氣吸入器。

十八歲的米格魯啾比因為天生過敏，過去從未接受過疫苗接種，飼主志村小姐只有在拿心絲蟲藥物時，才會前往動物醫院。啾比八歲時，志村小姐因為工作的關係，決定將牠暫時寄養。但因為啾比沒有進行預防接種，志村小姐不斷因為需要隔離籠，或是高齡犬有很多不可預料的狀況等理由，被寵物旅館和動物醫院拒於千里之外。當時大方接受他們的，就是現在固定前往的那家醫院。

之前，志村小姐對動物醫院沒什麼好印象，直到遇見現在的獸醫師，才完全改觀。醫生告訴她，啾比的過敏症狀可以藉由飲食療法改善，根尖性牙周炎必須靠手術解決等等，非常盡力地診療啾比。

那時啾比很胖，為了讓牠更健康長壽，志村小姐也開始替牠減肥。志村小姐聽獸醫說明過敏的原因之後，雖然半信半疑，還是讓啾比接受了疫苗接種，接種之後啾比就可以施打麻醉劑了。啾比在十一歲時進行了持續出血的根尖性牙周病手術，也在十二歲的定期檢查中發現了心臟病（心室肥大），以及今年六月進行了口腔內腫瘤切除手術等等，隨著年紀增長，啾比逐漸出現各種疾病與老化症狀。

對已經出現各種老化症狀的啾比而言，吃藥可說是每天的例行公事，志村小姐會將每顆藥丸裹在麵包

1 將碗放在方便小不點進食的高度。啾比進食時，志村小姐會在一旁協助。這是兼顧營養均衡的啾比專用料理。
2 食物都弄成啾比方便食用的糊狀。

中，再餵給啾比吃。從去年夏天開始進行的「啾比日誌」，裡面紀錄了啾比每日的飲水量、排泄時間、排泄次數，以及其他有疑慮、想找醫師諮詢的事情，每次去醫院時，都會帶著這個日誌。

「如果就那樣不管，啾比可能已經不在了。」志村小姐回顧帶著啾比就醫時的情景，這麼說著。

志村小姐也公開了啾比每天的作息。晚上十二點過後是宵夜和吃藥時間，稍微走動之後就去睡覺。三

米格魯啾比の一天

0：00	吃飯、吃藥， 吃完之後稍微走動一下就睡覺
3：00	起床，在屋內走動
6：00	睡覺
9：00	吃飯、吃藥，然後睡覺
15：00	吃飯，吃完之後走動一下或直接睡覺
22：00	吃飯和睡覺

3 備妥可肩背運送啾比的運輸背帶。
4 最愛的出門時間都是坐在寵物推車上，推車裡面會鋪設柔軟的坐墊，因為側邊是打開的，要餵牠喝水也很方便。身體障礙者用的氧氣幫浦，也固定放在寵物推車的角落裡。

點左右起床，接著，六點到九點間又再度睡覺，起床之後又是吃飯和吃藥的時間。然後，再睡到下午三點，一起床就吃飯，稍微走動一下再度睡覺，直到晚上十點左右，再吃晚餐和吃藥。早上吃藥的時間會依照每天的身體狀況而定，但之後的吃飯時間則是固定的。

啾比睡覺的時間，就是志村小姐睡覺的時間；啾比一起床，志村小姐也會跟著起床。因此，志村小姐總是無法擁有一個完整的睡眠時間，但她一點也不以為意。「照顧老犬雖然花費心力，我卻一點都不覺得辛苦，只要和啾比在一起，我就心滿意足了。」

由於老家的屋子照顧起來不太方便，因此志村小姐在兩年前搬到目前的住所附近。為了不給啾比造成壓力，本打算小心謹慎地慢慢搬家的，不料啾比半夜哭叫、癡呆症狀、心臟病的發作等情況越來越嚴重，讓志村小姐身心俱疲。幸虧當時透過部落格，志村小姐認識了擁有共同煩惱的其他飼主們，心情才慢慢獲得紓解。當志村小姐開始可以接受啾比日漸衰老的事實之後，啾比夜半哭叫的情形也改善了不少。

「因為啾比努力地為我活下去，讓我也開始關懷其他狗狗，了解生命的重要與美好。我也慢慢地開始關心動保團體，啾比真的教了我許多重要的事。」

往後的日子裡，啾比將繼續與志村小姐以及獸醫先生，以兩人三腳的方式，同心合力渡過老年生活。

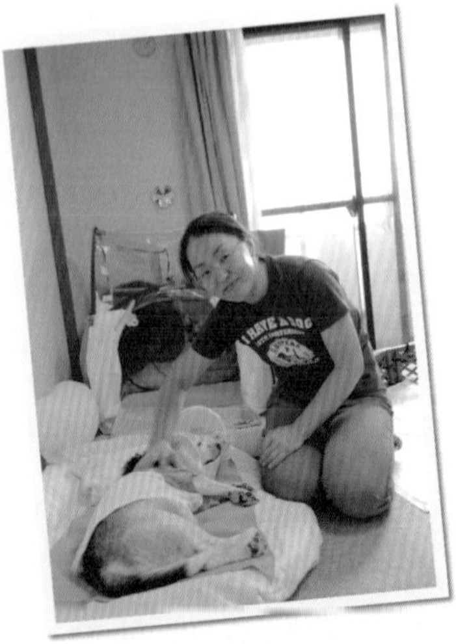

米格魯啾比の創意老後生活

在啾比地盤上的東西，都是有理由的。讓我們來看看志村小姐替啾比精心佈置充滿用心與創意的房間吧！

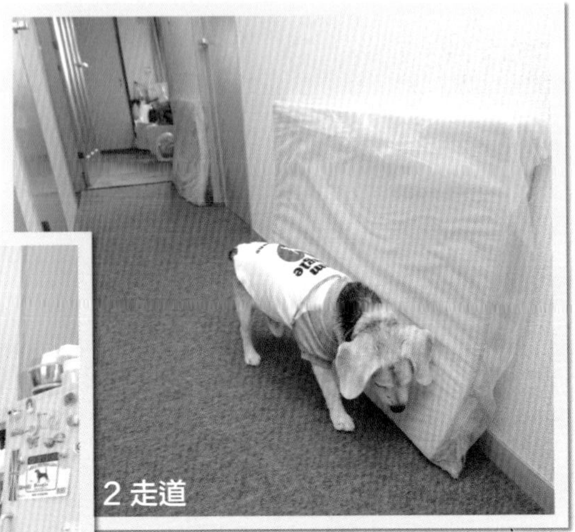

2 走道

1 廚房

3 房間地板

4 椅子下方

1 為了不讓啾比進入廚房而設置隔板，隔板的高度是啾比站立時剛好可以看得到志村小姐的高度。
2 為了避免滑倒，在走道鋪設地毯；牆壁也設置了軟墊，避免啾比受傷。
3 客廳餐廳鋪了一片 30cm 的軟木塞墊，再用柵欄圈住一半的空間，供啾比自由活動，並重疊放上寵物清潔墊。為了避免啾比絆倒，盡量消除空間的高低落差。
4 椅子下方設置圓筒，避免啾比不慎進入而受困。

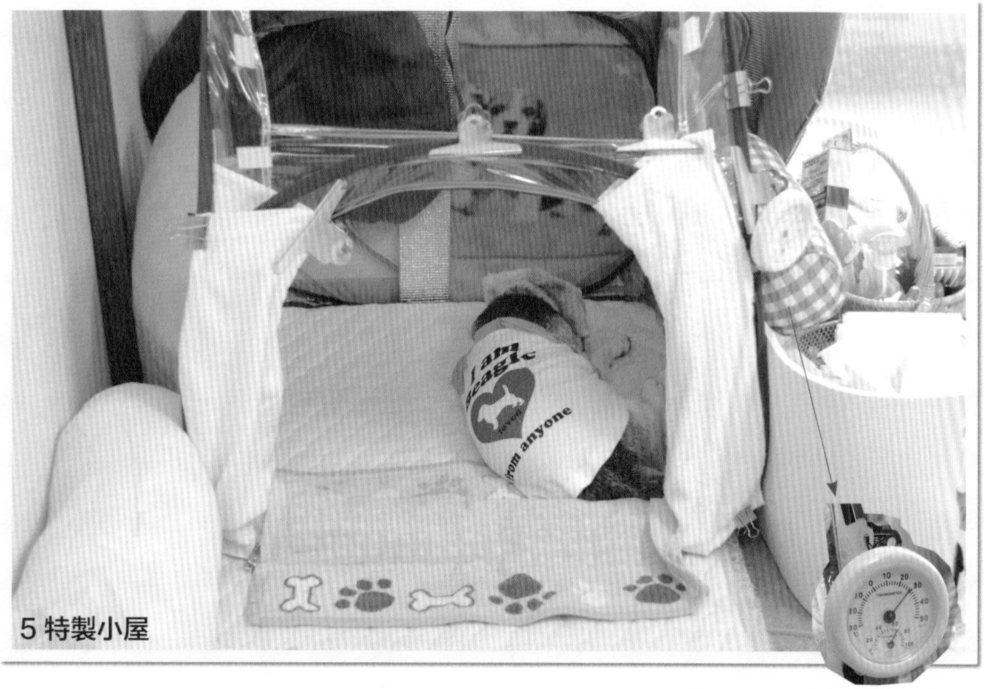

5 特製小屋

6 溫濕度計

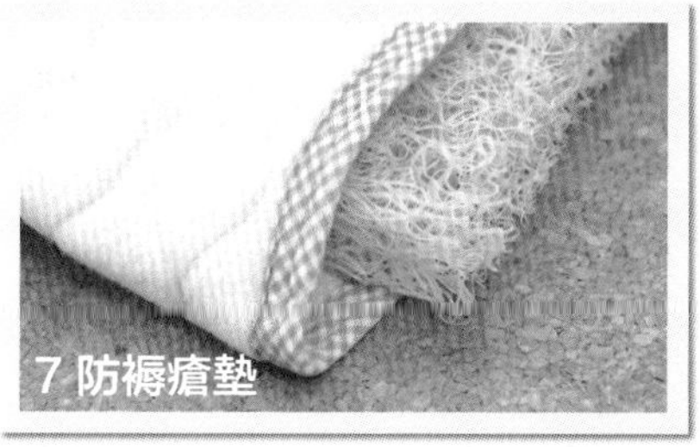

7 防褥瘡墊

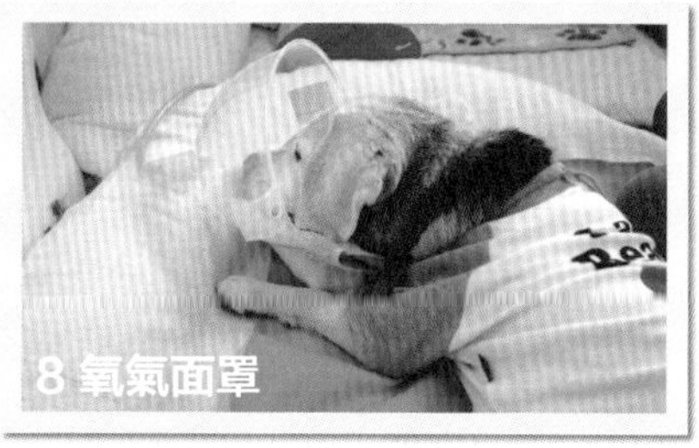

8 氧氣面罩

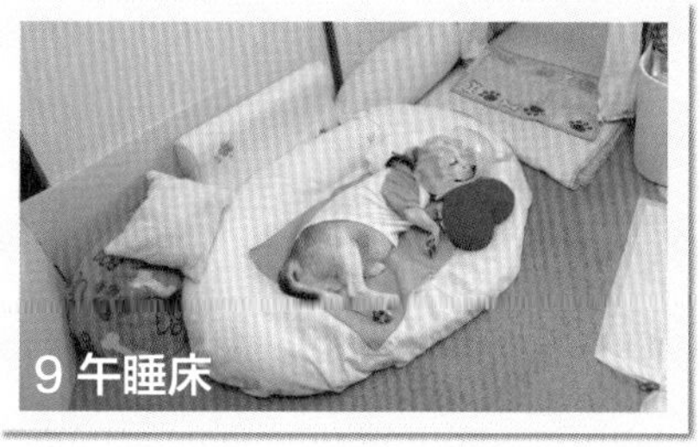

9 午睡床

10 餐台

5 利用園藝用溫室，設置室內狗屋。這是冬天時，為了解決心臟病導致的發紺問題，進行氧氣吸入的房間，整間狗屋呈現高氧狀態。容易摩擦臉部的出入口則用毛巾擋住。

6 溫度計與濕度計配合愛犬視線，設置在較低的位置。盡量讓環境保持一定的狀態，打造讓啾比感到舒適的良好環境。

7 屋內鋪設了捲好的毛巾，當作通風良好的柔軟地墊。冬天為了保暖，會再加上電熱毯。

8 夏天用的氧氣面罩。下巴放置毛巾。

9 午睡床上鋪設了防止褥瘡的低反發軟墊。在啾比的行動範圍內，可能會撞到或摩擦到臉部的地方，則捲上毛巾或墊子保護。

10 水碗（內側）與餐碗（前方）設置一定的高度與角度。餐台附近的墊子，是為了避免用餐時滑倒所設置的。

我與毛小孩の快樂狗日子

我們向家有老犬的飼主們，
詢問了飼養老犬的甘苦談。
從這些內容，我們可以看到飼主們
對狗狗的那份愛。

愛犬：Angel（威爾斯基獵犬/15歲）
飼主：小綠小姐

Angel的後腿非常沒力，有一段時間甚至在美容時也必須支撐牠才行。我和整骨師每天在家中幫他按摩五到十分鐘左右，症狀才逐漸改善，甚至進步到可以奔跑了。另外，牠的氣管變窄，很容易咳嗽。為了方便牠進食，我將喝水及用餐的地方加高。另外，牽繩也從項圈換成胸背帶，減少Angel喉嚨的負擔。疲勞的時候，我會把豌豆型的軟墊放在牠的下巴，看著Angel一副很舒服的樣子，我就心滿意足了。

愛犬：Leon（黃金獵犬/16歲）
飼主：隆士先生、直子小姐

Leon走路變得不穩，坐車或爬上玄關都變得很困難，牠現在已經沒辦法靠自己的力量站起來了。為了不讓牠跳上跳下，我在長約50cm的四方形平台上貼橡膠條，當作車用階梯。在牠最愛的沙發前面，放置了在竹蓆貼上軟木塞製成的階梯，因為都各增加了一層，上下就變得更順暢了。後來也開始帶Leon去整骨，整骨師仔細地幫牠按摩之後，股關節的動作就變得靈活了，後腳也能打開到與腰部同寬。步行用的輔助背帶（背部有附一個把手），則是經常佩戴著，讓牠在上下樓有高低差，或腳步搖晃時都可以有所支撐，比較令人放心。

愛犬：富奇（查理士小獵犬/13歲）
飼主：小文小姐

去年，富奇曾經從鬼門關前走過一遭。牠原本很愛散步，後來雖然還是喜歡外出，但卻變得不愛走路，所以我常常帶富奇出門散步，帶牠到喜歡的地方，或喜歡的人家裡走走。我很重視富奇的健康管理，所以養成了每天寫日誌的習慣，並且時常提醒自己，即使富奇做不到的事情漸漸增加，也不能讓牠失去自信心。當牠想要跳上床或椅子上時，我會悄悄地伸出手來助牠一臂之力，讓牠彷彿是靠自己的力量跳上去一樣。另外，我也盡量以平穩的情緒與牠相處，就算身體不太舒服，也會露出笑容，發出開朗的聲音對牠説話。即使笑容已經僵掉了，為了讓富奇開心，我還是會繼續笑著。富奇十歲之後，對我而言，每天都是報恩之日。過去牠給了我那麼多的撫慰、喜悦和幸福，至少到牠生命的最後一天為止，我都想讓牠愉快舒適地渡過。

愛犬：小魯（米克斯犬／16歲）
飼主：K子小姐

小魯突然無法自行站立起來之後，每次散步回家之後，身體都會因排泄物而變得髒兮兮的，不到一週就得了褥瘡。向醫師請教褥瘡的照護方法之後，問題改善了不少，所以之後只要一有困擾，我就會立刻找獸醫諮詢。因為小魯半夜會吵醒我好幾次，對於必須獨自兼顧工作及照護的我來說，實在是蠟燭兩頭燒。狗狗走路時，使用輔助背帶支撐，比使用毛巾更方便輕鬆。讓小魯使用輪椅之後，復健效果比想像中還好，現在即使沒有輪椅，也可以走同一個路線，讓我體會到高齡犬也能恢復的喜悅。

愛犬：Santa（柴犬/16歲）
飼主：千鶴小姐

即使加裝了加濕器，Santa的鼻子、耳朵及手腳的末端還是很乾燥，常常因此傷痕累累。向獸醫師諮詢之後，我替牠塗了凡士林，並去除了老舊角質，狀況明顯改善不少。在照顧初期，可能是因為感到不安或困惑，Santa經常在夜晚吠叫、不安地到處走動，或是隨處大小便，為了緊盯著牠，我每天都弄得精疲力盡。和家人討論之後，我們決定替Santa穿上尿布，並利用閒暇時間，邊替牠按摩邊聽音樂，讓彼此都能共享幸福的時光。人類用的圓形坐墊，很適合拿來預防褥瘡。即使Santa上了年紀無法站起來，也會一直活動身體，一般的犬用防褥瘡坐墊會摩擦到傷口，因此開口較大的圓形坐墊就能派上用場。

愛犬：噗噗（科卡犬／16歲）
飼主：關本小姐

因為噗噗不斷地漏尿和腹瀉，我只好帶牠到動物醫院就診。在獸醫師的指導之下，我將噗噗的食物分量增加，結果牠變得有精神多了，也能去散步了。噗噗穿上紙尿布，隨便一走動就會弄得歪七扭八，所以我以彈性布料和魔鬼氈，丈量牠的身體之後，再親手製作。另外，腳底的毛一長長就會滑倒，我會每週用剃刀替牠修剪腳蹼之間的毛。

愛犬：摩卡（迷你臘腸犬/12歲）
飼主：滿子小姐

摩卡自從兩歲時罹患重病之後，至今仍離不開藥物。因為累積滿口的牙結石，口臭越來越嚴重，但我並不想讓牠全身麻醉，取出牙結石。自從我開始每天將沾水的紗布纏在指頭上，邊唱刷牙歌邊幫牠刷牙之後，口臭的情況改善不少。為了摩卡的健康，我從不錯過牠任何一個小小的變化，只要有一點疑慮，就馬上找獸醫師諮詢。

我叫蓋斯，
今年 11 歲！
最會逗人家笑了！

Chapter

5 如果有一天 你再也走不動

過去活蹦亂跳的毛孩子們，

也許有一天，會變得步履蹣跚。

如果狗狗已經無法步行、臥病在床，

照顧時又該注意哪些事情呢？

狗狗亂動要注意

即使狗狗已經臥病在床，也不一定會乖乖地躺著。而有時會因躺著蠕動身體跑出床外，或是因揮動腳而讓身體傷痕累累。狗狗剛開始臥病在床的時候很常亂動，因此即使在狗狗身體下方鋪上清潔墊，有時也會如廁在不應該如廁的地方。如果狗狗常因亂動而跑出床外，就讓狗狗穿上尿布吧！飼主也會比較輕鬆。

我很怕生，
在外面只要有媽咪的
抱抱我就安心了。

預防褥瘡

有的狗狗臥病在床數天之後，就會得褥瘡了。改變床的材質，就可以預防某些程度的褥瘡。另外，適度地幫狗狗翻身，也可以預防褥瘡。

即使臥床也要外出散步

狗狗即使臥病在床，也會很想到外面看看，一直窩在室內無法讓牠們得到滿足。如果不讓牠們分辨白天與黑夜、給予狗狗生活上的刺激，牠們就會逐漸變得癡呆。藉由抱抱或是搭寵物推車等帶牠們呼吸外面的空氣，創造一天的節奏感吧！

盡量讓狗狗起身進食

如果狗狗已經無法抬起臉的話，飼主往往會在狗狗躺著時直接把食物送進狗狗的嘴巴裡，但如果狗狗可以撐著坐起身的話，就撐著牠把牠的臉抬起來餵食，這樣狗狗會比較容易吞嚥食物。

持續復健，不要放棄

愛犬一旦無法走路，飼主就很容易因為牠們上了年紀而放棄替他們做復健，但也有狗狗藉由每天的按摩或復健又能再次行走。不要放棄，建議飼主可以試著使用輪椅等來替狗狗復健，或透過按摩讓狗狗的身體變得柔軟。

我真是的，在大家面前還打瞌睡，不過這也沒辦法啦～

今天暖呼呼的，好舒服哦！

睡意好像越來越濃了

什麼是「褥瘡」？

狗狗臥病在床之後，身體的一部份容易受到壓迫，受到壓迫的部份肌肉或皮膚的血液循環會變差，如果置之不理的話，皮膚就會壞死，這個狀態就叫作「褥瘡」。

褥瘡也會因為皮膚的摩擦或拉扯而引起。另外，排泄物弄髒皮膚之後，如果置之不理的話，就會產生紅腫，容易導致褥瘡。

一旦得到褥瘡，就會滲出濕潤的組織液。如果是像膿一樣，毛髮濕潤而凝固的話，就有可能已經開始出現褥瘡的症狀了。細菌一旦進入傷口就會引起感染，延緩了治療的進度。

最容易罹患褥瘡的部位

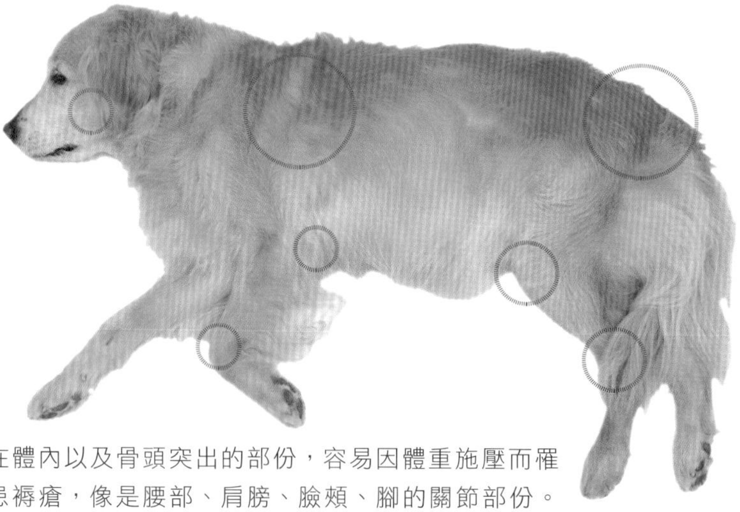

在體內以及骨頭突出的部份，容易因體重施壓而罹患褥瘡，像是腰部、肩膀、臉頰、腳的關節部份。臥病在床的狗狗腳底如果是直接接觸到榻榻米的話，會因為小幅度地移動及摩擦而罹患褥瘡。

什麼樣的狗狗，最容易得到褥瘡？

骨瘦如柴到用手觸摸就可以摸到骨頭的狗狗，因為沒有脂肪可以作為緩衝，所以骨頭很容易直接觸碰到地板，身體的部份就會出現褥瘡。另外，體重重很多的大型犬，較短毛的狗狗，更容易罹患褥瘡。

「靠墊」、「枕頭」，有效預防褥瘡

褥瘡可以透過飼主一點點的用心而預防。每天仔細地觀察寢具及狗狗的營養狀態、睡覺翻動的方式、清潔度、房間通風性等等吧。

為了防止狗狗得到褥瘡，有市售不讓體重集中在同一處、分散體壓的墊子，以及甜甜圈狀、可保護關節部份的靠枕。利用這些東西，可以讓狗狗感到更加舒適。

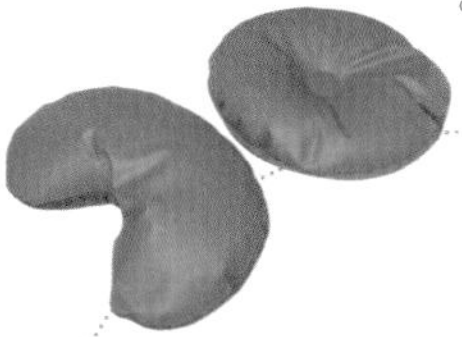

這是防止褥瘡用的靠枕，靠枕可以墊在狗狗的屁股或肩膀下使用。使用甜甜圈型靠枕的話，關節等骨頭突出的部份要觸碰到凹陷的部份。水滴狀的靠枕，則是使用在支撐頭部上。

這個綠色的墊子，設計成可以分散狗狗的體壓。只要體壓被分散，血液循環就不會受到阻礙，也就不易罹患褥瘡了。

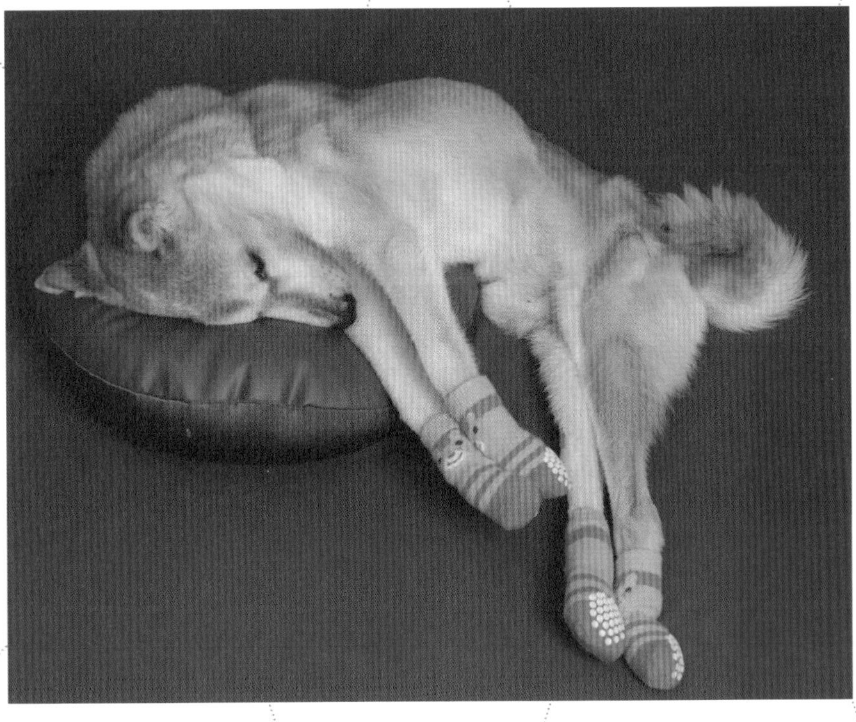

即使把靠枕放在下方，也要適度地幫狗狗翻身，分散體重施壓的地方。另外，可以在狗狗身體下方鋪上衛生墊。

要防止腳與榻榻米地板有所摩擦，或是避免腳尖發冷，就幫狗狗穿上襪子吧！如果是可愛的襪子，也能讓飼主的心情變好。

適時翻身，減輕狗狗的身體負擔

臥病在床的狗狗，身體經常是僵硬的，狗狗已經無法自己翻身，飼主必須要從旁協助，尤其如果是大型犬，要協助牠翻身是很辛苦的。

橫向抱法

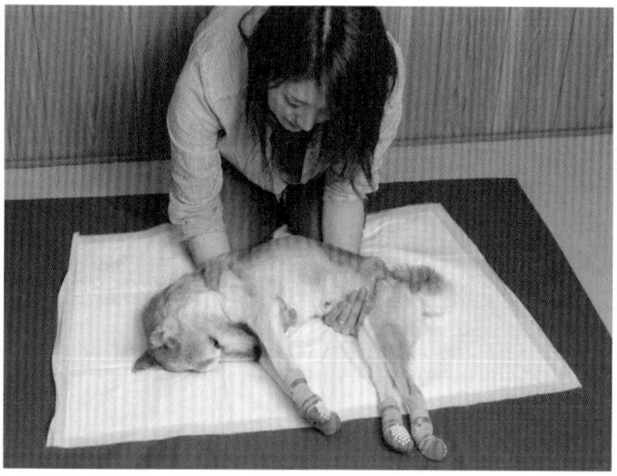

將狗狗的脖子和肩膀放到手腕上，用手腕支撐狗狗的下腹部，將另一隻手伸入前腳與後腳之間。重點是不要將狗狗的肚子朝上翻轉。一定要一邊將狗狗的背部朝上，一邊小心地改變狗狗的方向。

↓

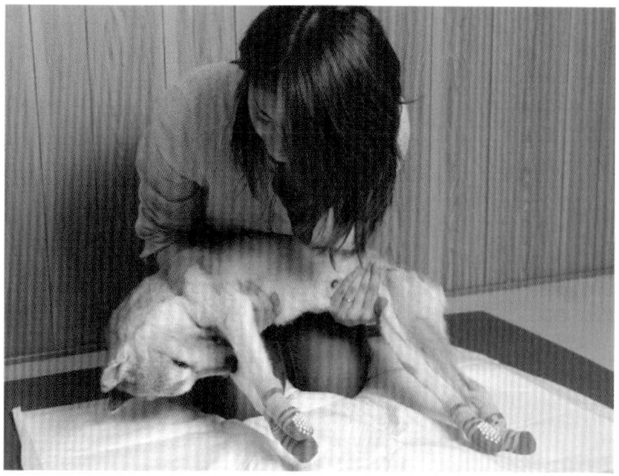

將狗狗放到飼主的膝蓋上，在膝蓋上方直接讓狗狗往旁翻轉。可以將腳自由伸展的狗狗，飼主可以一邊包覆住狗狗的腳抱著牠，一邊將牠背部朝上來繞轉，會比較順手。

縱向抱法

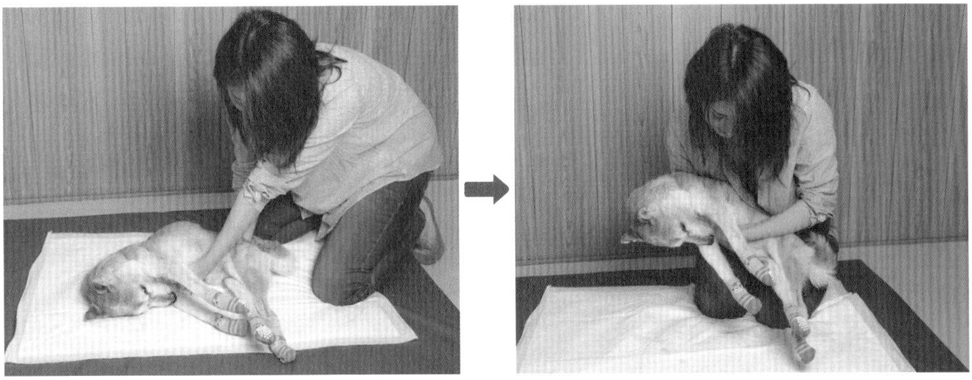

如果狗狗的腳因僵硬而無法彎曲，可以縱向抱著牠，幫牠翻身。將手伸入狗狗的胸部及屁股下方，並將他抱起來。

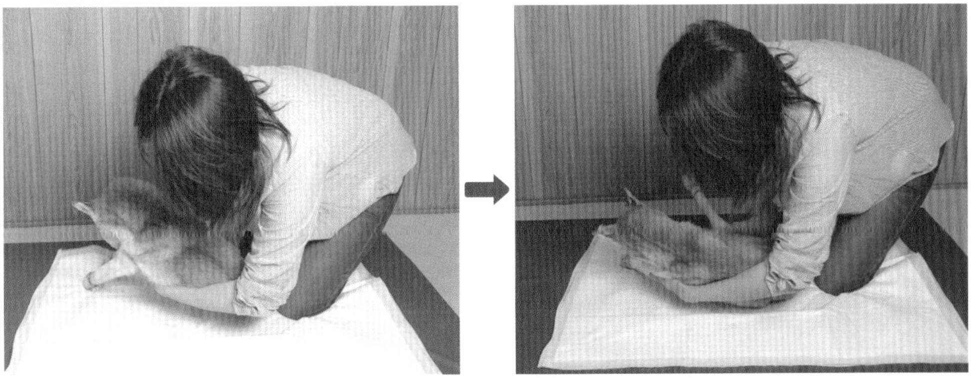

抱的時候，翻轉狗狗的身體幫牠翻身，然後再輕輕地讓牠躺下。

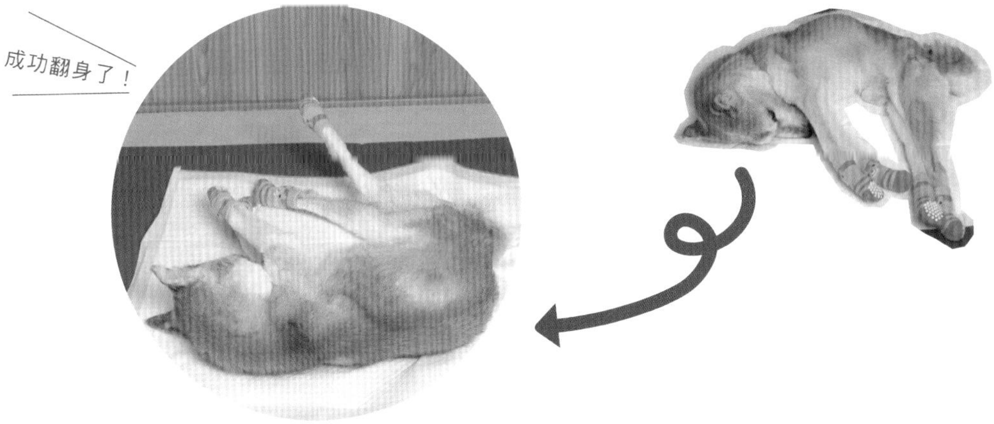

動手做「創可貼」，保護狗狗患部

利用母乳墊和瀝水袋，親手製作創可貼吧！

用不會附著在傷口的素材所製成的創可貼，除了能預防褥瘡，也能用於治療已經形成的褥瘡。只要使用市售的防溢母乳墊，就能輕鬆製作。

在超市販賣的母乳墊，不管是柔軟度或是材質，都很適合用來製作創口貼，只要準備母乳墊掛在排水孔、以防止廚餘被沖掉的瀝水袋，還有雙面膠帶，就可以立刻完成透氣性優越的創口貼了。

準備物品

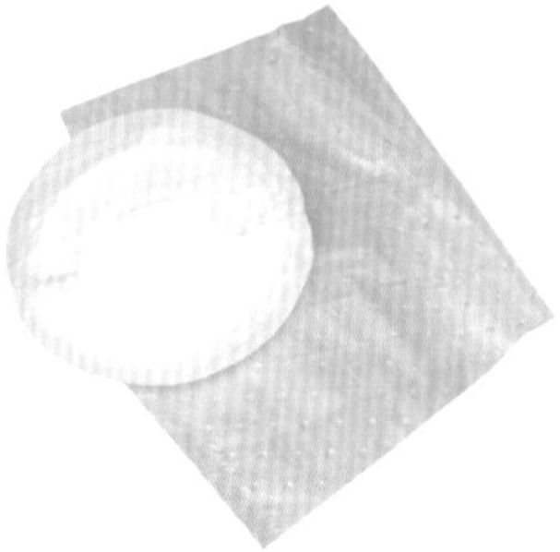

為了防止母乳溢出而沾附內衣，市面販售有母乳墊。請使用母乳墊，另外再準備瀝水袋、雙面膠與剪刀。這些在超市都能找得到。

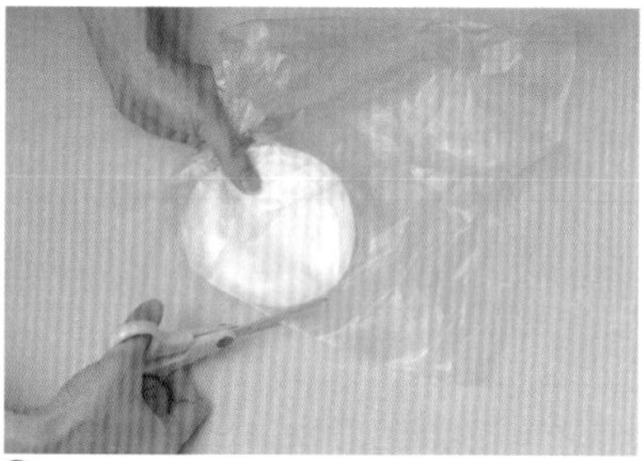

❶ 將母乳墊放入瀝水袋中，用剪刀將周邊剪掉。

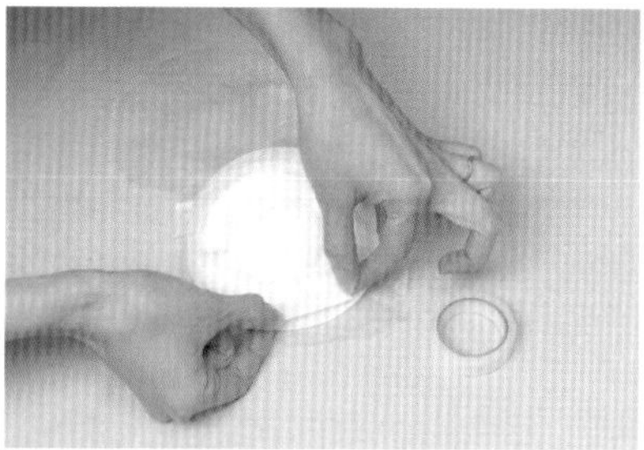

❷ 將雙面膠貼在母乳墊上。

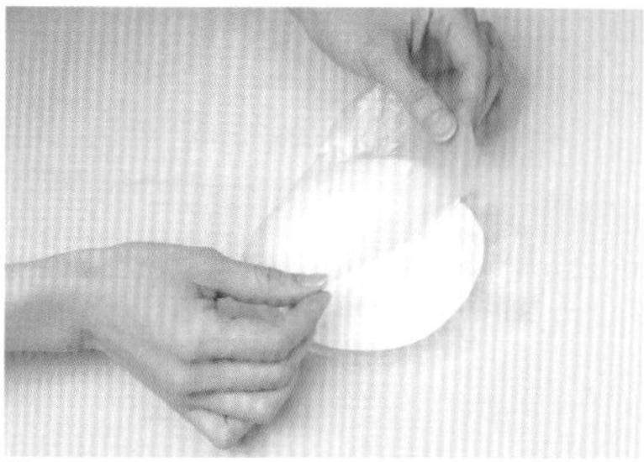

❸ 將瀝水袋套在母乳墊上，貼在雙面膠上。

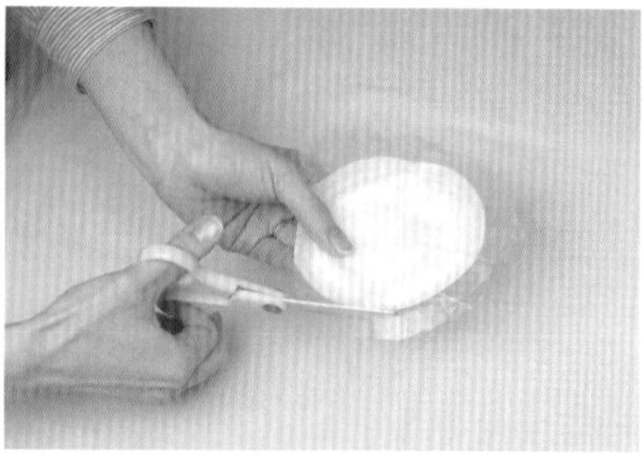

❹ 將多餘的部份用剪刀剪掉，就完成了。

替愛犬貼上「創可貼」，有效預防褥瘡

手製的創可貼，在關節等突出的部份用通氣膠帶貼住的話，就可以預防褥瘡。另外，對於已經形成的褥瘡治療也有幫助。

想要預防褥瘡的話每天貼一次。褥瘡化膿的話，則每天要替換兩次創可貼。

要注意不要讓褥瘡乾燥，因為乾燥會阻礙組織的再生！

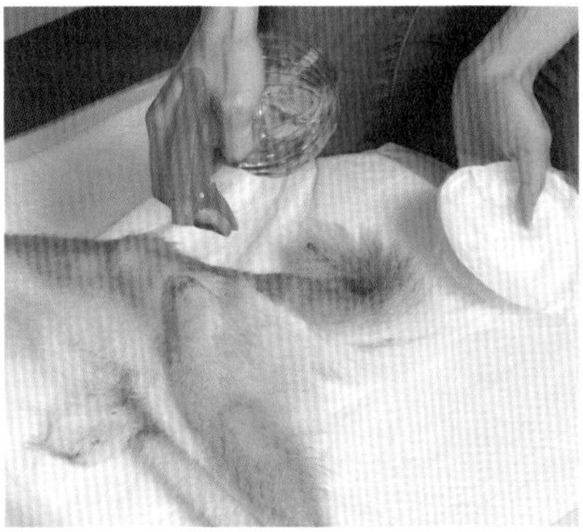

1 如果褥瘡化膿，請找獸醫師諮詢。如果沒有化膿，就用噴霧器對患部噴上溫度與人類體溫差不多的熱水，來加以保濕。

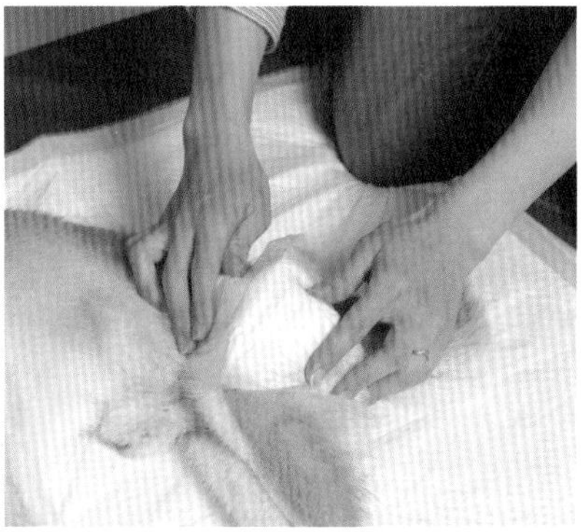

2 在患部蓋上創可貼，保護患部。

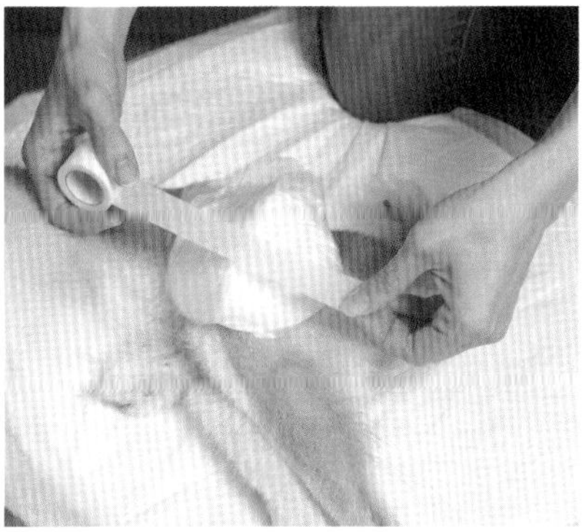

3 在創可貼上方貼上通氣膠帶稍微固定，注意不要固定得太緊。

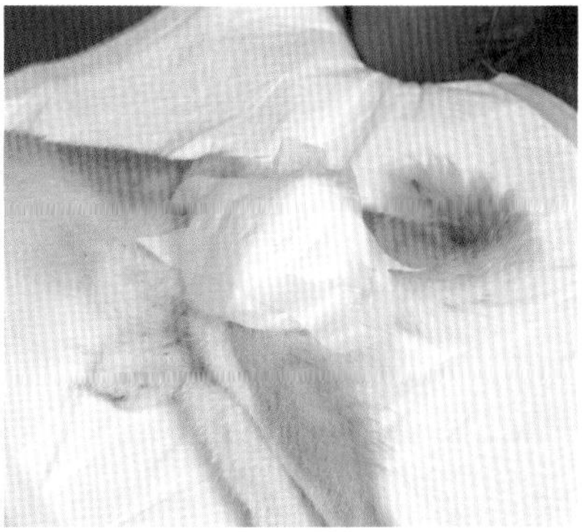

4 如果患部沒有化膿，就不要用藥，藉由保濕工作來慢慢治療。

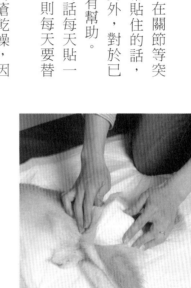

協助行動不便の狗狗進食

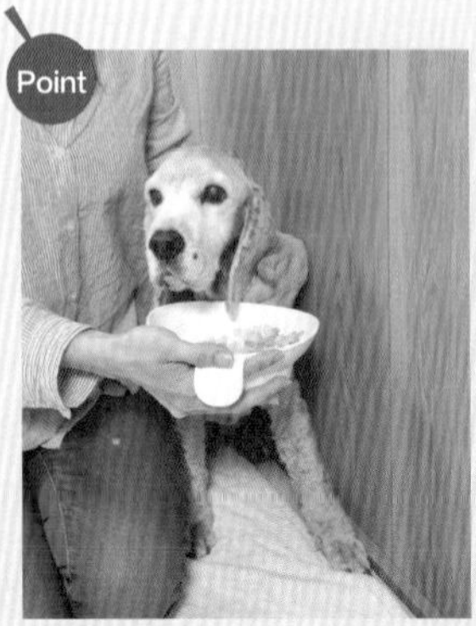

把狗狗的頭抬起來支撐住，並把食物送到狗狗嘴邊。

靠牆夾住支撐

狗狗走路會搖搖晃晃的話，為避免牠在用餐時跌倒，可以藉由牆壁與自己的身體像夾住般支撐住牠，並用單手拿起狗碗或湯匙，送到狗狗的嘴邊。

協助臥床不起の狗狗進食

從齒縫慢慢灌食

臥床的狗狗，請使用前端附有吸管狀的商品，從犬齒旁邊慢慢插入餵水或食物。確認狗狗有動舌頭自己吞嚥，慢慢地餵食。

將狗狗的頭放到膝蓋上，扶起牠的頭來餵食。

協助狗狗進食の便利小道具

滴管

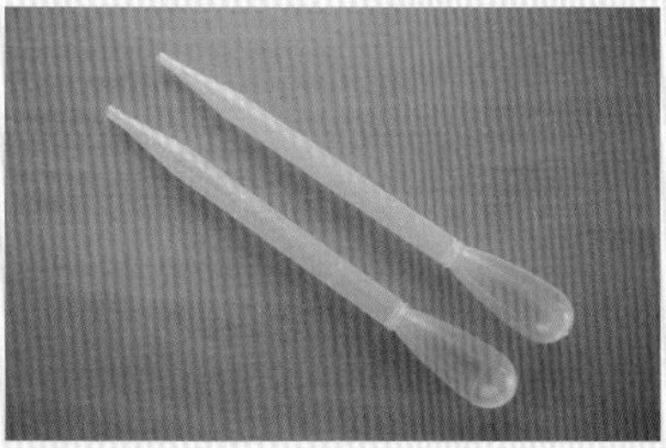

喝藥用的滴管，可以在藥局買到。在幫小型犬補充水份時很方便。

沖洗瓶

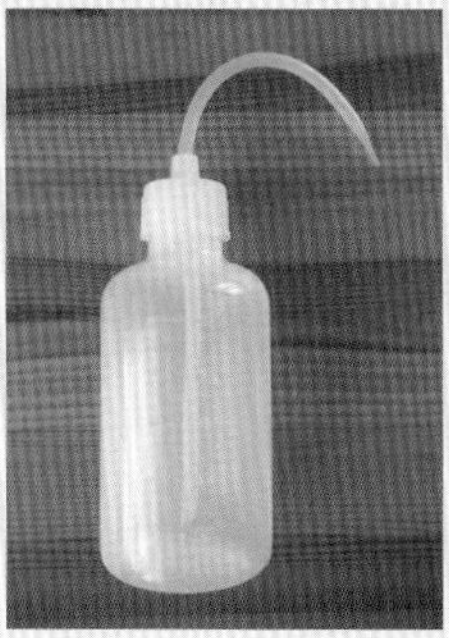

上網輸入關鍵字「沖洗瓶」，就能找到購物網站了。利用沖洗瓶將水送至狗狗嘴巴內部。

迷你搗碎器

要在狗碗裡將食物搗碎軟化，使用小型的搗碎器較方便。

調味料瓶

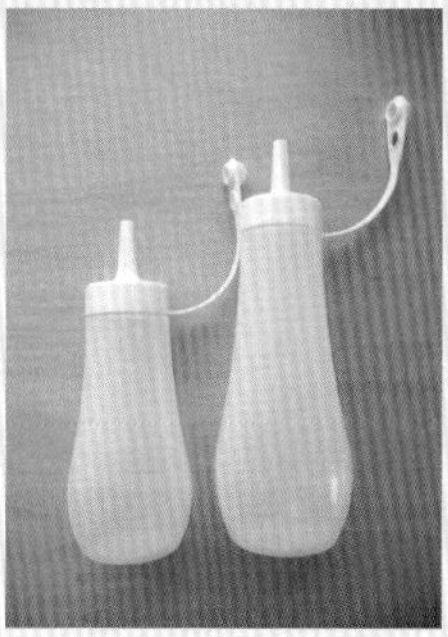

選擇按壓下去會擠出內容物類型的調味料瓶。口徑較大的，也可在餵食柔軟食物的時候使用。

餵食可以趴下的狗狗

臥床的狗狗即使勉強用手支撐還是無法坐立，但如果採取趴下的姿勢，就可以用一隻手一邊撐住狗狗的頭，在狗狗趴下的狀態，用另一隻手將食物送到狗狗嘴邊。

針筒

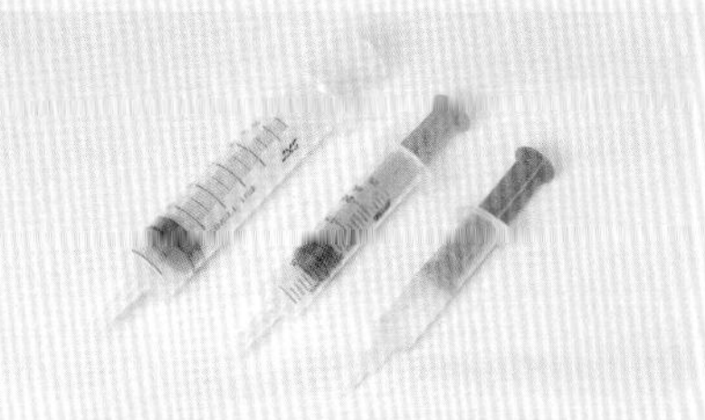

不管要吃東西還是喝水都很方便的針筒。可以向獸醫院或是寵物店的看護區取得。

讓狗狗呼吸戶外空氣，轉換情緒！

就算長期臥床，也要外出走走

一旦臥床之後，在屋內渡過的時間就變多了。以前每天都會散步的狗狗，應該會特別感到無聊吧？

為了製作本書，我請了許多正值老年期的狗狗們來到攝影場所拍攝，大家都超愛庭院的，不管是草的味道、土的味道還是花的味道，大家都嗅個不停。在屋內進行攝影時，大家似乎也很喜歡望著窗外的風景，一打開門，原本乖乖不動的狗狗眼中也閃耀著光輝，奔跑著、嗅著庭院的味道。

即使是臥病在床，一聞到最愛的戶外氣味，心情一定也會開朗不少。大型犬也許要抱著牠外出會很困難，而且大型犬用的寵物推車也非常難找，飼主可以在運送行李用的推車上鋪上

毛毯，當作狗狗推車。不管是用什麼方法，請帶狗狗到戶外感受一下外面的空氣及氣味吧！

打開窗戶，讓狗狗接觸戶外空氣

儘管如此，我想一定也有無法讓牠從屋內外出的時候，那就讓狗狗眺望著窗外吧！這樣也能轉換心情。窗外可以看到花朵或是鳥兒、蟲兒，讓狗狗用眼睛盯著會動的東西，對狗狗來說，也一定會讓牠們感到很興奮。

只要打開窗戶，就算不用外出，也可以感受到氣味或聲音。在庭院種植會有鳥兒或蝴蝶聚集的植物，狗狗一定會很開心。如果無法外出，就試著找狗狗喜歡的人類或狗朋友來家裡玩吧！

要讓狗狗露出笑容，有非常多的方法。什麼會讓狗狗開心，身為飼主一定都知道。不是只要給狗狗點心或是玩具就好，努力為狗狗製造許多愉悅的時光吧！

CASE 5 14歲黃金獵犬 果醬の生活

本文刊登於《愛犬之友》2011 年 6 月號

福間勝政先生、裕子小姐、司先生（居住於北海道札幌市）
果醬（黃金獵犬／14歲／公）

去年年底，果醬突然站不起來，之前走路就搖搖晃晃的了，果醬忽然站不起來時，裕子小姐夫婦嚇了一跳，連忙帶果醬去醫院。請獸醫師診斷之後，發現是腳的韌帶衰弱之故，獸醫師開立了類固醇，請夫婦倆先回去觀察看看果醬的情況。雖然已經在量販店買好輔助用具，但可能是藥效奏效，不久之後果醬就不用倚賴輔助用具就能站起來了。

可是，可以站之後沒多久，新的一年到來，當外面一片白雪茫茫時，果醬又突然站不起來了。已養成只會在外面如廁習慣的果醬，每天早晚都要分別帶牠出門一次。果醬最顛峰時的體重有四十三公斤，最近已降低到三十五公斤。要獨自支撐那個體重，裝上輔助用具帶牠外出，負責照顧的飼主也是需要力量的。

▲想喝水的時候，果醬會以汪汪叫來提醒

▲看起來很舒服的果醬

▲客廳的中間是果醬的固定位置

裕子小姐表示：「腰真的快斷了。」不過，因為只要一出門果醬就會馬上大小便，所以只要在自家門口走一下就好。可是北國的初春雪融化得很厲害，每次上廁所腳都會沾上泥巴，要幫牠洗腳可是要費一番功夫。果醬結束一連串的作業之後，就會再次回到專用的狗床上。果醬排泄時好像也是這樣，呼吸到外面的空氣就會很清爽。

果醬大部分的時間，都是在餐櫥櫃下方設置的專用狗床上睡覺渡過。餐廳放置了一張很大的餐桌，家人和果醬都能看到同一個視線，彼此都能安心，是一個恰到好處的距離。

有時，牠會用沙啞的聲音汪汪叫。於是勝政先生或裕子小姐就會問牠：「要翻身嗎？」、「要喝水嗎？」然後將水碗靠近牠、或是幫牠改變姿勢。大多數的要

果醬の居家照顧

走路時會拖行著後腳。

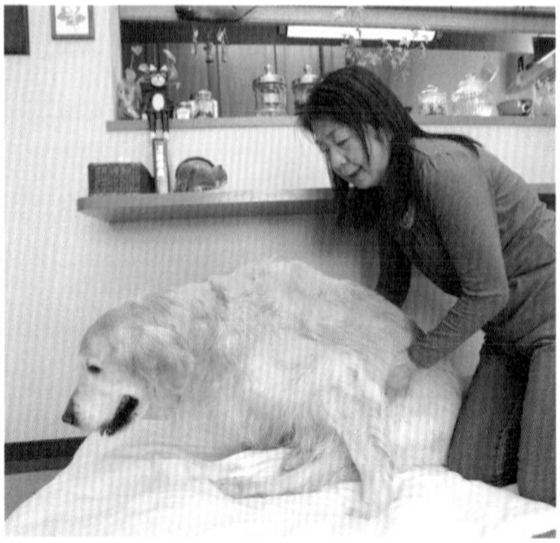

有時需要協助才能翻身。

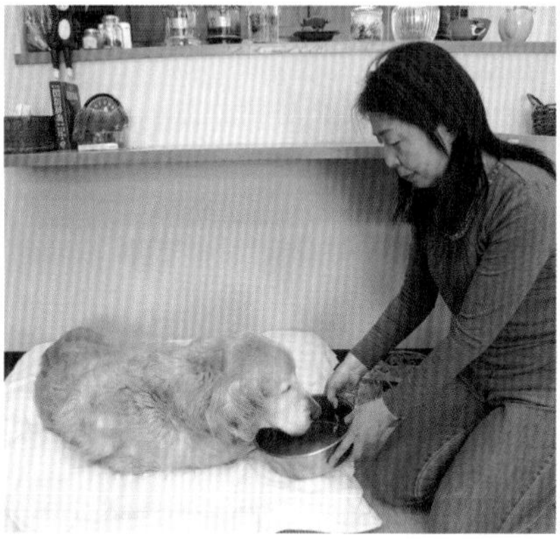

把水拿到果醬的嘴邊。

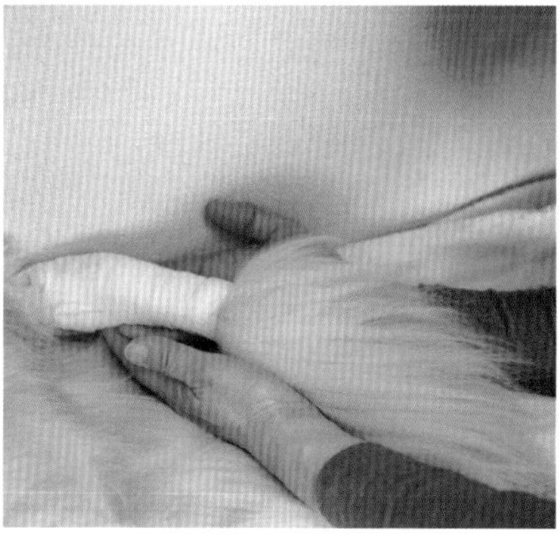

尾巴的突起物變成傷口，每天都要塗藥並更換繃帶。

求可藉由聲音的音調來辨認。要上廁所的時候，果醬會一邊看著門邊發出聲音。幫牠翻身之後，牠會馬上舒服入睡。晚上則會在福間夫婦的臥房內一起睡覺。

晚上上完廁所之後，如果牠想要安靜地睡覺，就會用聲音來提醒。因為去年夏天很熱，對果醬來說，冷氣就是牠的救世主。原本札幌是不需要的，但勝政先生在蓋新房子時因業務需要而安裝，裕子小姐表示：「還好現在為了狗狗有派上用場。」可能是濕氣讓牠很不舒服，牠經常會哀叫著表示牠的酷熱難耐。

如果果醬的食慾沒有衰退的話，就在狗食上再添加蔬菜或是鰹節。乾飼料似乎較難以下嚥，所以就更換成較軟的食物。

裕子小姐一直很想養黃金獵犬，因此在建造房子的時候，

和爸爸散步

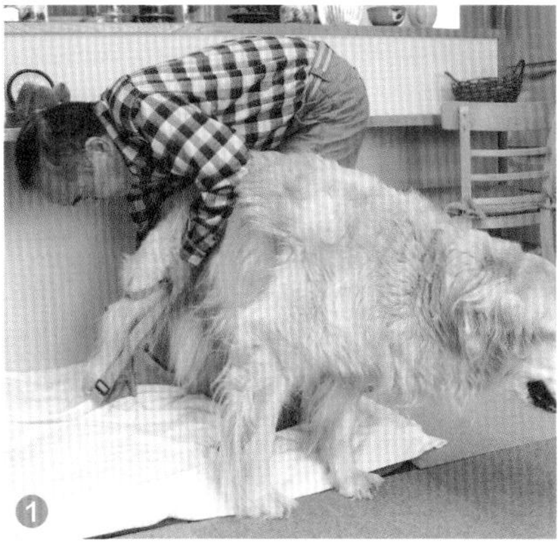

外出時要先裝上輔助工具之後，再把身體給抬起來。

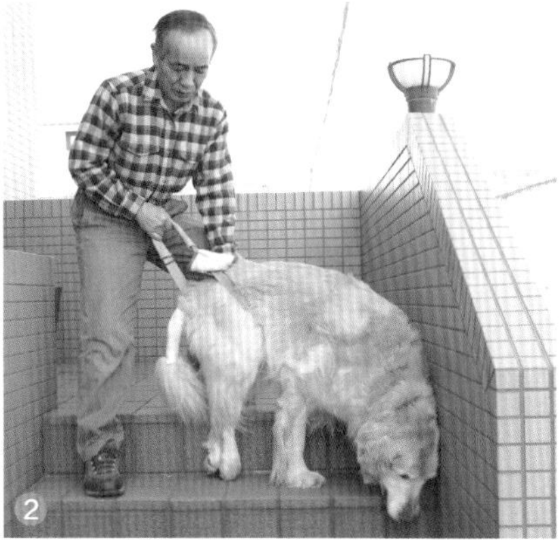

從門口到外面的樓梯，把拔靈活地引導果醬。

只在家門口一帶就完成了大小便。一邊輔助不方便的腳一邊行走。

回家之後在門口，勝政先生撐著他身體的同時，裕子小姐便用臉盆幫他洗腳。

就同時開始飼養了三個月大的果醬，果醬是勝政先生透過朋友幫她找到的。一對夫妻加上一個兒子的三人生活，再加上一隻狗狗。那是最小的兒子還在念小學的時候，因此果醬也成為了小兒子的好玩伴。他們提到了全家一起去支笏湖露營的回憶，果醬曾誤以為正在游泳的阿司溺水，衝到湖裡救他。而現在阿司已經出社會了，果醬就這樣一路看著家人的變化。四年前，家中又加入了一名迷路的狗狗巧克力（貴賓犬，大約九歲），一開始會恐嚇果醬，但一週後就改善了許多，現在還會擔心果醬尾巴的傷口而幫他舔舐呢！

看著果醬的睡容，勝政先生嘀咕著：「散步時間變短，輕鬆不少。不過覺得好寂寞哦！」果醬即使閉著眼睛，似乎也清楚地把他的話給聽進去了。

我叫阿尼斯，
今年 14 歲。

Chapter 6

狗狗失智了，怎麼辦？

當狗狗年紀越來越大，
可能會出現類似痴呆的症狀。
這章將介紹與失智症狗狗的相處方式，
請參考書中其他飼主的經驗，
陪伴狗狗渡過安詳的晚年吧！

狗狗也會罹患「失智症」？

行為反常，可能是失智的前兆

跟人類一樣，狗狗也會罹患失智症。和過去相比，長壽的狗狗增加了，而且最近也出現了許多失智症的案例。不管狗狗再怎麼聰明活潑，隨著年齡的增長，也會有罹患失智症的可能性。一般來說，十一至十三歲左右很容易發病，但還是會依照飼養狀況及環境而異。如果發現愛犬好像有些行為和過去不太一樣，就要去問問獸醫師罹患失智症的可能性。

所謂的失智症，是由於老化所引起的大腦機能降低，實際上會出現各種症狀的疾病。例如：逐漸變得會到處亂大小便、無法自己後退並且會持續朝著牆壁前進、持續地亂吠叫、不分白天黑夜哭叫，另外還包括了變得安靜、即使跟牠說話，牠也是一直在發呆等等，總之會出現過去從未出現的行為。也會出現由於大腦並未下達適當的指示，所引起的過度飲食或來回走動等等的異常行為。如果再惡化的話，也會導致運動能力或吞嚥能力的降低。

狗狗隨著年紀增長，身體機能降低是非常自然的事，不是只有大腦老化而已。這樣一想，雖說失智症是個疾病，其實也可以說它是一種自然的老化現象。

狗狗失智の十種常見症狀

回想一下愛犬平時的行動，用以下的檢視項目確認看看吧！

1. 異常地有食慾
2. 即使吃很多也不會吃壞肚子
3. 即使吃很多也不會胖
4. 叫牠名字牠也不會有反應
5. 有時會呆望著牆壁或地板
6. 逐漸不會後退或是轉換方向
7. 想要進入狹隘的地方
8. 用單調的聲音吠叫
9. 變得會到處亂大小便
10. 日夜的生活節奏大亂，會半夜吠叫

⬇

○的數量越多，罹患失智症的可能性越高！

為什麼無法「自立後退」？
老犬失智的常見症狀之一

老犬失智症的症狀之一，包括即使前進了也不會後退的行為模式。

不管什麼時候，我們的行進方向大多是前方，因此狗狗從何時開始變得不太會後退，就連飼主也很難發現。可能直到某一天，發現夾在家具與家具之間而無法脫身的愛犬，才會赫然發現。這時，請不要覺得訝異或錯愕，那是自然的老化現象。

不過，後腳肌肉的衰退也會造成狗狗漸漸無法後退，如果沒有其他失智症的症狀，那也許是肌肉力的衰退所引起的。

打造不易碰撞、受困的居住空間，狗狗好安心！

被困入家具空隙的老犬，因為不會後退，在被發現之前也許只能待著不動，好不容易把牠給救出來，牠也可能會在掙扎的過程中受傷。無論如何，對老犬的身體來說，受困於家具縫隙是很危險的事。在愛犬的後退能力降低之後，就要採取相應的安全對策。

要注意屋內不要製造出可以讓狗狗鑽入的空隙，可以規劃一下家中的格局，或是放置小東西把家具的空隙給填滿，屋內的角落也要注意。尤其當失智症惡化之後，狗狗最常出現的狀況就是沿著牆壁搖晃走著，不久之後就在角落撞到頭然後停下來，因為無法後退，就待在原地，無法動彈，或是出現蹣跚地改變前進方向的行為。飼主可以使用瓦楞紙，將家中家具稜稜角角的形狀改變成有弧度的形狀來改善。

狗狗在喝水之後，可能會因為不能靠自己後退或是轉身，就在原地動彈不得，這點也很令人擔心。水碗盡量要離牆壁有一段距離，設置在開放的空間，為了讓愛犬喝完水之後可以迅速離開那個地方，周圍的空間都要盡量淨空。

填滿家具的空隙

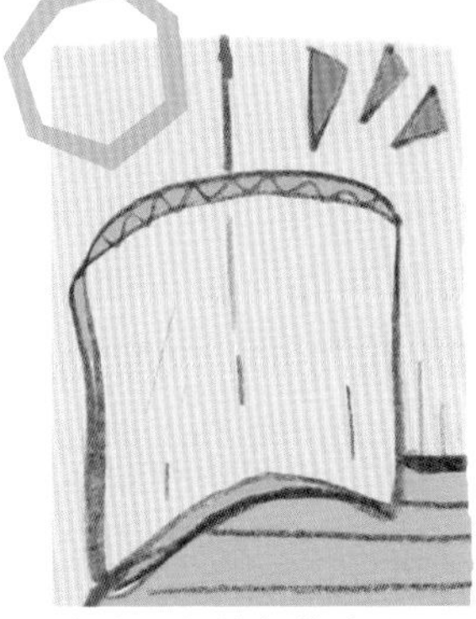

消除屋內的角落空間

水碗不要緊靠牆壁

狗狗開始來回踱步，怎麼了？

為什麼狗狗會在同一個地方來回踱步？

不管是狗狗還是人類，來回踱步是失智症會出現的主要症狀之一。狗狗隨著年齡增長，在同一個空間來回踱步的症狀經常可見。

如果狗狗一直很順暢地前進就算了，但大多都會碰撞到障礙物，如果不能巧妙地迴避，狗狗在當下很可能會因為不知所措而大聲吠叫。那個時候不要不耐煩地斥責牠，輕輕地撫摸牠的身體，或是抱著牠幫助牠轉換方向吧！

步行對狗狗的身體很好，如果狗狗白天有充分的行走，晚上就能睡得著，肚子餓了也就能吃得下飯。來回踱步對老犬來說，就像是自己在散步一樣，沒有必要特別阻止牠。可是，狗狗會來回踱步，也有可能是「疲勞」或「口渴」的感覺已經麻痺，如果是這樣的話，飼主就必須要在一旁找機會阻止牠。

製造讓狗狗繞圈的空間吧！

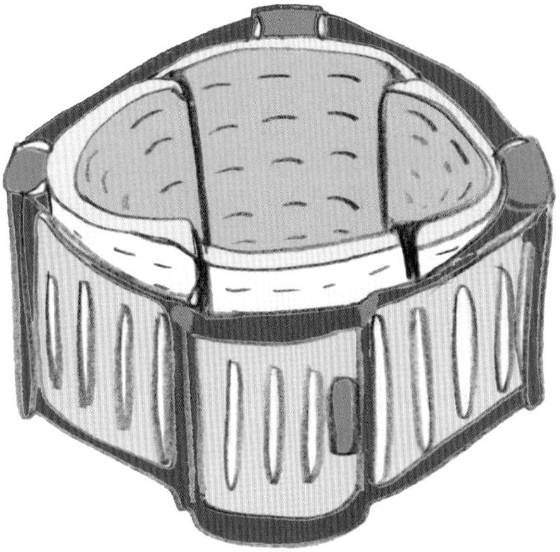

連接數片浴室用的防滑片，讓圓形的直徑是身體長度的1.5倍左右，再用膠帶固定。用柵欄包圍住外側，就算狗狗沿著牆壁走路，浴室防滑墊也一樣很牢固！狗狗可以不斷地繞著圈子，累了就睡覺，起床之後再繼續繞圈子。

小型犬可以運用塑膠泳池！

讓狗狗多走走，轉換情緒

來回踱步的狗狗，在由柔軟素材製成的圓形迴圈裡行走，就沒有受傷的疑慮。連結浴室用防滑墊等柔軟素材的板子圍成圓形，就製成適合狗狗運動的空間。

不過就算安全，一整天把狗狗放置在狹小的空間裡，狗狗也會累積壓力。在無法陪在狗狗身邊時的短暫時刻應用一下即可。

狗牌不離身，避免外出走失

即使平常只會待在家，但事先替狗狗掛上寫好名字與聯絡方式的名牌，萬一狗狗走失就比較容易能找得到。

半夜胡亂吠叫，可能是太寂寞?!

了解毛小孩的心理狀態 對症下藥，半夜不亂吠

和平常不一樣，沒有高興也沒有憤怒、發出單調的高分貝叫聲，是罹患失智症的狗狗特有的症狀。狗狗在半夜發出的吠叫聲，會造成睡眠不足也會打擾到鄰居，所以讓許多飼主感到很困擾。

不只是狗狗，就算是人類罹患了失智症，也經常會分不清楚白天夜晚。首先，如果猜測到愛犬想訴求什麼，就予以解決來消除愛犬的不安吧！如果是因為覺得寂寞而吠叫，為了能馬上撫摸得到牠，也可以讓牠睡在身邊。

調整生理時鐘

解決失智症的狗狗夜晚吠叫問題的重要關鍵，就是調整狗狗的「生理時鐘」，讓狗狗的生理時鐘恢復正常，夜晚養成睡眠的習慣。白天讓狗狗充份照射太陽，也能找回晝夜的感覺。臥病在床的狗狗，白天就把狗床移動到能照射到日光的窗戶旁邊吧！

盡量在白天運動

在白天運動，對於調整生活節奏也很重要。不過，老犬要獲得充份的散步或運動是很困難的。不妨配合愛犬的身體狀況或腳腰狀態，加入一些合理的運動。無法外出的狗狗，可以運用點心玩一些室內遊戲，如果狗狗為了點心而願意站起來走，那就好了。

不得已時再投藥

當狗狗失智症症狀惡化，也許牠不能控制自己去停止吠叫，這時，在飼主筋疲力盡以前，考慮讓狗狗服用安眠劑也是方法之一。必須要充份考量到服藥的效果及副作用，用藥前要先找獸醫師諮詢，請獸醫師開立適合愛犬的藥物。

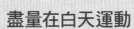

狗狗越老脾氣越壞，該怎麼辦？

給予愛犬安全感，不要大聲斥責、矯正

老犬一般來說，性格都會變得比較沉穩，但其實他們也有易怒的一面。這是由於年紀的增長而變得頑固，或是視覺及聽覺等感官機能衰退而衍生了不安全感以及恐懼感所導致，這些都是老化所帶來的變化。另外，情緒的控制也由於失智症，而變得較不穩定。

無論如何，當狗狗咬飼主或是兇飼主的時候，如果像狗狗年輕時一樣斥責阻止牠，意義並不大。因為牠們並不覺得自己做了不對的事，飼主要試著改變一下自己的態度，例如：先跟牠說話再撫摸牠，避免嚇到牠，也不要勉強牠做不喜歡的事。當狗狗出現了恐懼或討厭的情緒反應，並且越來越無法控制的話，就是已經罹患失智症了。

照顧失禁狗狗，環境清潔很重要！

地板鋪滿清潔墊，既衛生又便利！

老犬之所以會大小便失禁，原因包括了身體機能降低而逐漸無法控制大小便，以及因失智症而逐漸不清楚正確的排泄時機與場所。

狗狗罹患失智症之後，就會出現到處亂大小便的現象。屋內到處都被屎尿給弄髒，會有氣味的問題，飼主可能必須想辦法來改善，但此時如廁訓練是沒有意義的。總之，為了能讓愛犬和飼主都能舒適生活，不妨在牠的活動區域內鋪滿清潔墊，調整環境來克服吧！如果狗狗不排斥，利用尿布也是方法之一。

狗狗臥病在床的話，就在床上鋪設清潔墊，為了防止尿布疹或是感染，清潔墊要勤於更換。另外，如果狗狗的身體被排泄物給弄髒，就要盡早幫狗狗擦拭身體。

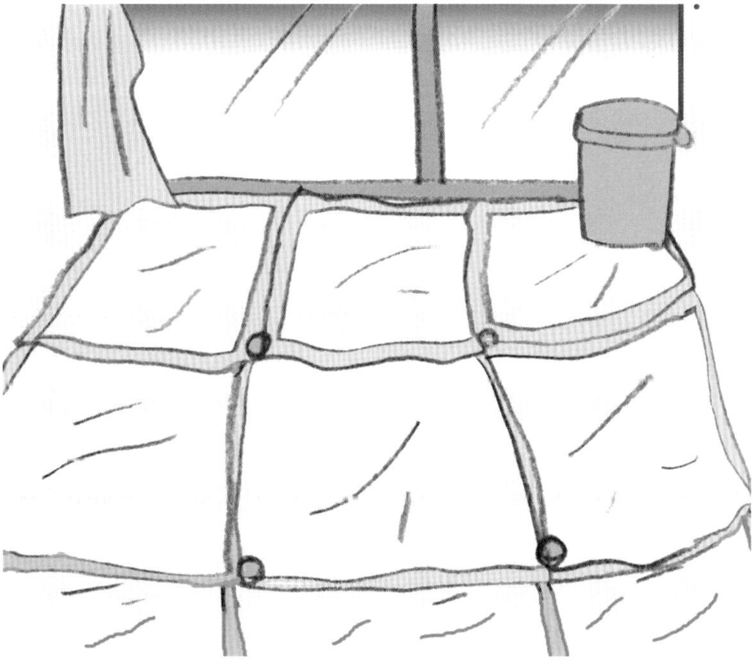

狗狗已經吃過又重複討食，該給牠嗎？

明明吃過飯，卻又討食，可能是「大腦中樞」出問題！

「飯飯還沒有好嗎？」「咦，不是才剛吃過嗎？」這是狗狗罹患失智症的常見狀況，而如果是老犬的話，這個狀況發生的頻率就更高了。

明明已經吃過飯，又會馬上催促，或是比吃飯時間還要提早很多就在一旁等待。

由於狗狗吃飽飯的中樞沒有正常運作，所以狗狗就會永無止盡地吃，或是露出還沒吃夠的表情，來乞求飼主多給一點飯。

少量多餐，分次給予，滿足狗狗想吃的慾望

即使吃了很多，也不會肥胖或腹瀉，這是失智症所伴隨而來的異常食慾特徵。不過，原本消化機能就會隨著老化而衰退，一旦一次吃得過量，有時就會因為無法順利消化而嘔吐。

決定狗狗一天的用餐量，不要改變總量，以增加進食數來給予狗狗滿足感，就是最好的方法。將狗狗每天的食用飼料量分裝成小袋，任何一位家族成員都能簡單明瞭，又很方便。

面對愛犬的催促，年輕時會讓狗狗忍耐到固定的用餐時間才讓牠吃，但失智症的老犬無法理解牠已經確實進食過，也無法忍耐。即使飼主告知，牠也無法認同及理解。

如果只是一口點心，或是一個小湯匙的量就能讓牠滿足，那就讓愛犬淺嚐即止，讓牠安心一下。像這樣的點心，可以準備燙青菜之類的低熱量食材。另外，如果牠食慾很旺盛，可以用豆腐渣或豆腐等，來增加食物的體積與份量感。

像這樣食慾旺盛，在某個層面來說，是依然充滿活力的證據。而且，對於遊戲或運動已經失去興趣的老犬來說，吃飯就成了唯一的樂趣。雖然有點辛苦，但不妨以正面的心態，與愛犬共度全新的「飲食生活」吧！

陪伴失智狗狗，享受優質的晚年生活

培養「安心感」，有效緩和失智症狀

照顧失智狗狗的宗旨就是「讓愛犬安心」以及「不要帶給愛犬不安」，只要遵守這兩大原則，愛犬的症狀就會大幅改善。

失智症的症狀可以分為「中核症狀」及「周邊症狀」兩大類，之前介紹的種種行為是被分類在「周邊症狀」中，而引起這個「周邊症狀」的一大主因就是「不安」。

那麼，要怎樣才能讓愛犬安心放鬆呢？答案不在於獸醫師，而是在於長年陪伴愛犬的飼主身上。愛犬對於熟悉飼主的聲音、溫柔的語調、日常生活中的話語會感到安心，而且對於肌膚接觸所帶來的溫暖，也會感到很愉悅。狗狗隨著年紀的增長包容度會降低，因此也許只有對於特定人的特定接觸才能感到安心。

總之，不管是居住環境、排泄、運動、飲食，關鍵字就是「安心」，幫愛犬打造一個生活環境吧！

另外，「中核症狀」就是指記憶力衰退、理解力降低等大腦機能的衰退，所造成的直接變化。這些藉由環境的改善及飼主的用心，都可以改善許多。

高齡犬也要積極社交，不斷給大腦「良性刺激」

要改善狗狗失智症的症狀，適度地刺激腦部是最棒的。常有人說：「一旦退休之後，就會出現失智症的症狀。」這是因為對腦部的刺激銳減之故，過著隔絕社會、缺乏刺激的生活，很容易罹患失智症。

如果愛犬的身體還稍微能動，就當作運動帶牠出門，讓牠多少接觸一下外面的世界。因臥病在床而終日在家的狗狗，不要只是讓牠睡在屋內的一個角落，盡量將牠的床放在可以聽到家人對話、感覺到家人存在的客廳，並努力跟牠說話來增加互動。

像這樣在白天給予狗狗生活上的刺激，狗狗到了晚上也會比較好入睡。

DHA、EPA不飽和脂肪酸改善「老犬失智症」最有效！

不管是在狗狗的世界還是人類的世界，目前失智症並沒有根本的治療方法。不過，有對失智症的預防及抑制、改善有幫助的成份，那就是DHA、EPA等不飽和脂肪酸，這可以從失智症的狗狗血中含有的DHA、EPA濃度較低來得知。

青背魚含有大量的DHA、EPA，雖然也有將青背魚水煮餵食的方法，但不可能每天都光吃魚，此時方便利用的東西就是狗用的保健食品。近來隨著狗狗的高齡化，市面上販售著好幾種保健食品。

只不過，是否能餵食保健食品及關於使用量的問題，別忘了要事先找熟悉的獸醫師諮詢。

飼主放輕鬆，才能陪狗狗慢慢變老！

照顧老犬要放鬆心情，毛小孩才會「零壓力」

飼主對於愛犬的老化，以及承認愛犬已罹患失智症這件事也許會感到排斥。可是正視現實，一邊了解失智症的各種症狀一邊接觸愛犬，彼此才能締造出一段沒有壓力、各自保有空間的關係。為了避免因太投入照護狗狗而忽略了周遭，或是過於拚命而罹患恐慌症，自我控制也是照顧者應該要留意的事。

另外，就原則上來說，罹患失智症的老犬即使闖禍，也不要責備或埋怨牠。老犬只會感受到「被責備了」，而累積壓力而已。

照顧老犬の三大要點

一、確實掌握愛犬的狀態

該怎麼協助、協助什麼，都要仔細地觀察，依照愛犬的情況，尋找適當的方法。不知該怎麼協助時，難免會感到不安，但如果明白了協助的內容，就能適時地給予愛犬照護。

二、全家一起分擔照顧工作

如果馬麻一個人要負責協助愛犬的所有工作，那可就辛苦了。由家人一起分擔照顧吧！另外，如果能與獸醫師討論關於老犬照護的細節，作為第二意見的話，在心情上就會輕鬆一些。

三、妥善運用照護商品

活用便利的市售照護商品吧。當然，利用身邊的東西來手工製作也可以。準備配合愛犬症狀的物品，彼此就能渡過舒適的生活。

CASE 6 16歲柴犬 Mondoの生活

藤井慎一先生、久乃小姐
（居住於北海道札幌市）
Mondo（柴犬／16歲／公）

本文刊載於《愛犬之友》2009 年 11 月號

原本Mondo的習慣是跟牠道聲晚安、關掉電燈之後，牠就會在最愛的狗窩上睡覺。但從去年秋天開始，牠開始用高分貝的聲音鳴叫，在狗窩中顯得焦躁不安。摸摸牠之後睡著，半小時左右之後牠又再度鳴叫，就這樣周而復始。

而且Mondo散步時，也只看著下方走路。漸漸地，牠的腿力開始衰退，會在步道或階梯上絆倒。另外，就算外出，也經常會凝視著某處不動。現在已經不再半夜鳴叫，慢慢地穩定下來。

Mondo開始頻繁地繞圈圈，大多是往左繞，經常進入了餐桌或椅子的空隙裡，就會無法動彈，開始手忙腳亂。一整天幾乎都在重複轉圈圈、睡覺、轉圈圈、睡覺的動作，這就是失智症的典型症狀。

為了讓牠轉換心情，會放牠到庭院玩，但如果一陣子沒注意，就經常會發生牠跌進常春藤裡直接睡著的狀況。雖然牠能夠獨自站起來，但因為腿力衰退，必須要很用力才行。

牠甚至已經不知道要在家裡的哪裡大小便。

久乃小姐說道：「餐廳的磁磚很滑，對Mondo來說，在那裡上廁所很辛苦，不過要擦拭小便的話，磁磚還是比較好處理。」

▲睡得正熟的 Mondo。夫妻倆經常待在看得到 Mondo 身影的地方。

來回踱步或是排泄的處理，對飼主來說，都是一大負擔，因此要先以何者為優先很令人困惑。為了解決滑腳的問題，夫婦倆替牠穿上膠鞋。為了避免通風不良，要估計牠起來的時間再幫牠穿上。一開始牠似乎很排斥，但好像也馬上就忘記牠有穿鞋這件事。久乃小姐笑道：「這算是失智症的好處吧。」

「對 Mondo 來說，牠可能覺得我們是親切的人們吧。」久乃小姐如此說著。

牠漸漸地不在最愛的狗窩裡睡覺，還曾睡著在當時人在廚房的久乃小姐腳邊。另外，牠也曾邊喝水邊睡覺，「就跟嬰兒一樣。」久乃小姐笑著說。平常就盡量常呼喊牠，然後跟牠互動。牠的日常飲食就是軟化了的乾飼料，有時再加上雞肉塊或是羊肉塊以及高湯。Mondo 原本最愛的肉條，現在也不太能啃，會一邊思索怎麼解決它，一邊動著嘴巴。

晚上會移到二樓 Mondo 專用的房間去，在止滑的特殊材質地板上，用紙板圍成一個圈圈，再蓋上觸感舒適的布。晚上則替牠脫下膠鞋，幫牠穿上尿布之後讓牠入睡。大便的時候，牠會一副不舒服的樣子吠叫，好像在說：「快幫我換掉。」那個時候慎一先生就會起床，幫 Mondo 換尿布。

▲穿透窗戶的柔和日光，好像很舒服。

▲已經忘記怎麼吃肉條的 Mondo，啃完它花了不少時間。

▲水碗以盆栽的檯子提高了高度。也鋪上橡膠地墊避免前腳打滑。

▲為了不讓 Mondo 被困住，盡量不讓傢俱之間有空隙。

因為女兒一句：「想養狗狗。」而開始飼養Mondo是在16年前。慎一先生不管是去爬山或去滑雪，都有Mondo隨行。Mondo只要一有陌生人來訪就會叫，家人以外的人餵食都不會接受，是一隻很精明的狗狗。正因如此，開始罹患失智症之後，Mondo張著嘴伸出舌頭的睡姿，讓家人都很驚訝。

「連鄰居都誇他很帥呢！」慎一先生說。雖然女兒已經獨立並且離開家生活，但二樓的女兒房間牆上還是貼了很多張Mondo的照片。當女兒搬家的時候，女兒留下一句話：「只有這些不可以清掉喔！」慎一先生懷念似地望著照片，瞇起眼說著這些過往。現在是由夫妻倆來照顧Mondo，但居住在城市裡的女兒經常以「我要去看看Mondo的狀

▲平常盡量多跟牠互動。

▲將膠鞋套在他的後腳上，走磁磚也不會打滑了。

▲原本有將近 13kg 的體重，現在大概只有 9kg 左右。

▲用紙板製作而成的 Mondo 專屬空間。

況」為由而返家，慎一先生還表示：「因為剛退休，所以也有時間，可以慢慢陪伴Mondo的老年生活。」夫妻倆說好一定要有一人留在家照顧Mondo，結束了東京的獨自出差生活，有了多餘的時間，因此可以好好的在札幌老家靜靜地與愛犬生活下去。

藤井夫妻一邊不斷地說道：「很痛吧？抱歉喔。」一邊把手伸向逐漸衰老的Mondo。

「剛開始養的時候，從沒想過會變成這樣。不過，看到Mondo的樣子，我們可以感受到牠的努力，希望可以盡量減輕牠的痛苦。」

藤井夫妻已接受愛犬的衰老，並決心靜靜地守護著牠。

我叫 Candy，11 歲。
大家都說我可愛，
真受不了～

Chapter 7 讓我陪著你健康終老

身為飼主，一定希望狗狗能永遠健康快樂。

其實，許多老犬容易罹患的疾病，

只要即早發現，就有治癒的機會。

讓我們一起來觀察狗狗的細微變化吧！

寫日誌，掌握愛犬的健康狀況

不放過任何細微變化，才能第一時間發現問題

要察覺疾病的徵兆，首先，要牢記狗狗健康時的狀態。飼主可以透過寫日誌，或是在水碗內測試畫上基準線觀察看看。

另外，如果覺得愛犬的狀況跟平常有點出入，不要立刻斷定牠只是因為老化，也要注意有罹患疾病的可能性。

疾病早期發現非常重要，只有平日經常和狗狗互動、仔細觀察自家狗狗的飼主，才能察覺到狗狗微妙的變化。

狗狗邁入高齡之後，身體狀況雖會起伏不定，但如果感覺有異樣，就要去找獸醫師諮詢。

飼主可藉由梳理，來檢視愛犬的毛量及皮毛狀態。

時時紀錄，管理愛犬每日生活

除此之外，像是一天的喝水量、大小便的次數、吃飯的速度、睡覺的時間、對門鈴的反應、叫他過來時的反應等等，這些察覺到的事都可以試著紀錄下來。也可以先記下狗狗吃藥的時間，就不會忘記餵藥，很方便。

Check！狗狗體重診斷書

仔細觀察，最近家中愛犬的體重，有沒有異常增減呢？

體重變化很可能是疾病的警訊，平時就要檢視愛犬的體型，每月至少替愛犬測量一次體重。

體重過輕

清楚可見肋骨及腰骨的位置。

標準體重

從外表看不到肋骨的位置，但觸摸時摸得到肋骨，腰部有曲線，可以觸摸得到背脊的弧度。

體重過重

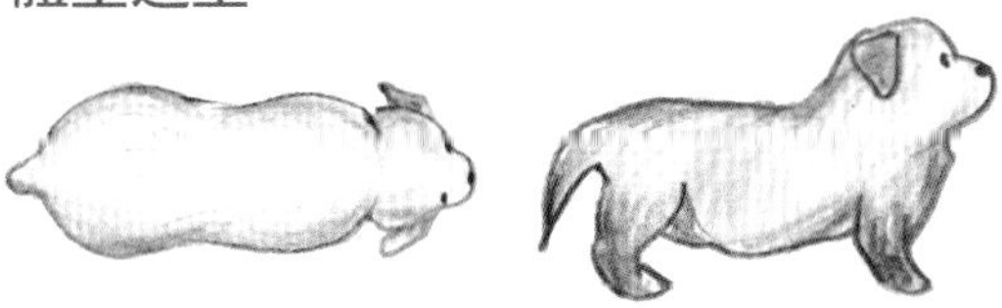

即使觸摸也找不到肋骨，腰部完全沒有曲線。

狗狗體重測量方式
（1）到獸醫院測量。
（2）抱起狗狗站到體重機上，再由總體重扣掉自己的體重。

雖然同犬種之間還是有個別差異，
但一般來說，有些犬種的確特別容易罹患某些疾病。
下表供飼主們參考，飼主可以留心特定疾病，加強預防。

	臘腸狗	巴哥犬	蝴蝶犬	米格魯	貴賓狗	法國鬥牛犬	博美犬	馬爾濟斯	迷你雪納瑞	約克夏	獵犬
		●	●		●		●	●		●	
	●			●	●	●		●	●		●
				●							
		●							●		
		●	●		●		●	●		●	
		●				●				●	
					●		●	●		●	
	●				●		●		●	●	
	●			●	●		●			●	
	●				●			●	●	●	●
	●			●	●		●		●		●
	●		●	●	●						

各種狗狗の常見疾病

犬種 ▼疾病名稱	查理斯王小獵犬	柯基犬	柴犬	西施	傑克羅素梗犬	吉娃娃	
膝蓋骨脫臼						●	
白內障	●			●	●		
青光眼			●	●		●	
乾眼症				●		●	
氣管虛脫				●		●	
軟口蓋過長	●			●		●	
心臟瓣膜閉鎖不全	●			●		●	
隱睪症							
腎上腺皮脂亢進				●	●		
糖尿病					●		
甲狀腺機能低下			●				
椎間盤突出		●	●	●			

六大

愛犬の危險度檢視表

以下歸納了老犬常有的身體狀況，一起來檢視看看！

如果有一項完全符合，就請直接看診斷結果。
參考這些從症狀來看可能罹患的疾病，試著改善狗狗的生活習慣吧！

Check List 1

- ☐ 可以捏得到腹部的脂肪
- ☐ 不容易觸摸到肋骨及背骨
- ☐ 腰部沒有曲線
- ☐ 做過結紮手術
- ☐ 扁平足
- ☐ 感覺愛犬嘴巴內部很狹窄
- ☐ 白天大多在睡覺，很少動
- ☐ 會去討人類的食物
- ☐ 會打呼
- ☐ 毛質變差、毛髮變細

若符合任何一項 ➡ **請前往診斷 A**

Check List 2

- ☐ 走路速度變慢
- ☐ 幾乎不運動，一直在睡
- ☐ 站起來或坐下都會花一些時間
- ☐ 無法上下階梯
- ☐ 走路時腳會拖拉著前進
- ☐ 尾巴下垂，不再搖晃
- ☐ 常常轉圈圈
- ☐ 有彈跳的習慣
- ☐ 腳尖冰冷
- ☐ 無法做趴下的姿勢
- ☐ 只要一坐下就會癱坐下來
- ☐ 家中地板較滑
- ☐ 肥胖
- ☐ 脖子下垂
- ☐ 背骨呈弧線狀

若符合任何一項 ➡ **請前往診斷 B**

Check List
3

- □ 經常嘔吐
- □ 出現腹瀉或血便
- □ 容易便祕
- □ 吃飯狼吞虎嚥
- □ 會想要吃奇怪的東西或非食物的東西
- □ 大便的狀態會依食物不同而馬上改變
- □ 會將屁屁在地面上摩擦
- □ 吃飯過後曾經打嗝或無法動彈
- □ 經常吃脂肪多的食物
- □ 怎麼吃都不會胖

若符合任何一項 ➡ 請前往診斷 C

Check List
4

- □ 容易疲勞、無法奔跑
- □ 會咳嗽
- □ 容易興奮
- □ 膽子很小
- □ 有時運動之後，腳步會搖搖晃晃
- □ 腳尖浮腫
- □ 散步時會用力拉扯牽繩
- □ 毛質越來越差
- □ 牙結石很多
- □ 肥胖

若符合任何一項 ➡ 請前往診斷 D

Check List
5

- □ 不太想要喝水
- □ 喝水量增加、尿尿量也增加
- □ 尿尿顏色變淡
- □ 變得頻尿、似乎排尿困難
- □ 有血尿
- □ 容易憋尿
- □ 開始亂大小便
- □ 會跟人類討食物吃
- □ 發情期紊亂
- □ 沒有進行結紮手術

若符合任何一項 ➡ 請前往診斷 E

Check List
6

- □ 毛質變差
- □ 掉毛嚴重、有禿的現象發生
- □ 白皮屑變多
- □ 腹部周邊的皮膚發黑
- □ 好像沒什麼精神、感覺很陰鬱
- □ 喝很多水，尿尿量也很多
- □ 食慾非常旺盛
- □ 腹部周遭鬆弛並日漸膨脹
- □ 有食慾且正常進食，但卻日漸消瘦
- □ 體溫較低

若符合任何一項 ➡ 請前往診斷 F

診斷

A 有【肥胖】的疑慮

脂肪會以腹部↓背部↓大腿↓脖子的順序慢慢囤積。狗狗肥胖的基準，就是在撫摸愛犬的背部時，如果無法觸摸到背脊最高點，只摸到平坦一片的話，就亮起黃色警戒了；如果狗狗的腳已經無法支撐體重，站立時呈現腳趾打開的扁平足樣貌，那就是亮起紅燈了，這也是肌肉力衰退的警訊。

已結紮的狗狗約有八成會因為賀爾蒙的變化而容易變胖，脂肪如果是朝向身體內側堆積，那就有問題了。另外，狗狗嘴巴內部變得狹窄，也有可能是脂肪造成。脂肪如果囤積在鼻子到喉嚨一帶，狗狗就會開始打呼。另外，附著了皮下脂肪，皮膚的血液循環及代謝會變差，毛質也會變差。狗狗的新陳代謝不好，也會導致生活習慣病。由於老犬時期會比年輕時期來得容易肥胖，因此飼主要確實幫愛犬做好體重管理。

要留意的疾病
糖尿病、心臟疾病、氣管虛脫、關節炎、椎間盤突出、皮膚病

診斷

B 有【運動機能衰退】的疑慮

狗狗伴隨著老化，軟骨成分減少，關節會出現疼痛的現象，有時也會因為變形性脊椎症而出現疼痛。

狗狗一旦出現疼痛症狀就會變得不想動，因為運動不足而導致肌肉衰退，然後就會對關節造成負擔，形成惡性循環。疼痛或發炎的急性期，當然不允許不合理的運動，但如果經過治療而讓發炎狀況穩定下來之後，就要慢慢增加運動量，努力去維持肌肉力。

為了補充減少的軟骨成分，可以使用注射或保健食品的方式，去找熟識的獸醫師討論看看。另外，室內容易滑倒的地板材質或是高低差，會對老犬的腳腰及關節造成負擔，因此也要幫愛犬注意一下生活環境。

要留意的疾病
關節炎、椎間盤突出、變形性關節症、膝蓋骨脫臼、股關節形成不全

診斷
C 有【消化器官疾病】的疑慮

成為老犬之後，因為腸胃機能降低，容易會出現腹瀉或便祕、嘔吐的情形。另外，如果飲食之後無法馬上活動，吃再多也不會變胖的話，就是出現腸胃衰退的警訊。如果愛犬吃完馬上嘔吐，可以稍微觀察一下狀況，如果一直反覆嘔吐或腹瀉，就有可能是生病了，不妨找獸醫師諮詢。另外，腹瀉會引起嚴重的脫水症狀，要多多注意。脂肪較高的飲食，會提高胰臟炎或膽泥症的風險，應留心避免餵食高脂肪飲食。吃飯之後，打嗝，都是因為食道及胃部的反射出了問題。狼吞虎嚥會對腸胃造成負擔，尤其大型犬容易有胃反轉，必須多注意。狗狗如果想要吃草或非食物的東西，有可能是罹患了胃灼熱或胃炎，或是失智症。如果狗狗會一直用屁股摩擦地面，有可能是因為寄生蟲、肛門腺的殘留，或是有餘便感等等。

要留意的疾病
腸胃炎、胃擴張、胃反轉症候群、膽泥症、胰臟炎、胰外分泌功能不全症

診斷
D 有【循環、呼吸器官的疾病】的疑慮

如果狗狗不是因為腳腰的力量變弱，明明年紀不大，卻容易疲勞或是無法奔跑，那就有可能是心臟出了問題。另外，容易興奮或膽小的狗狗，心臟比較容易有負擔。如果牠們經常會出現呼吸急促、喘氣得很厲害、舌頭顏色不佳、運動之後會搖晃等症狀，就要去看醫生。之所以會咳嗽，有時是因為心臟出了問題，有時則是因為氣管或肺部出了問題。散步時會用力拉扯牽繩、急促喘氣然後咳嗽的狗狗，很容易會導致氣管受傷，因此就要將狗狗的頸圈替換成胸背帶。牙結石是細菌的堆積，細菌會從牙齒與牙齒之間的空隙入侵，順著血液循環到達心臟，甚至會引起心筋炎或是瓣膜症。水腫也會出現在其他疾病的症狀中，也代表著狗狗的血液循環不佳。另外，血液循環一旦惡化，狗狗的毛髮就無法生長，毛質也會變差。

要留意的疾病
心臟瓣膜閉鎖不全、心絲蟲症、心筋症、氣管虛脫、肺炎、肺積水、軟口蓋過長

診斷

E 有【泌尿系統、生殖系統疾病】的疑慮

常會忍耐壓力、不太喝水的狗狗，很容易得到膀胱炎，甚至可能會形成結石。相反地，會一直想要喝水，就有罹患腎功能不全或子宮蓄膿等疾病的可能性。也有的狗狗年輕時就愛喝水，時時檢視愛犬喝水量的變化吧！

人類的食物鹽份較高，會對老犬的腎臟造成負擔，當狗狗腎臟的機能衰退，尿尿的顏色就會越來越淡。尿尿斷斷續續，或是排尿困難、出現血尿的話，就有可能是罹患了膀胱炎、尿結石、前列腺異常。另外，過度的壓力累積也會造成這樣的後果。如果持續不規則的發情，就有子宮蓄膿的危險，因此請留意沒有生產經驗、沒有結紮的老母狗身體的狀況。而沒有結紮的公狗，前列腺肥大的風險很高，因此，多多注意狗狗是否有出現排尿困難的症狀吧！

要留意的疾病
膀胱炎、尿結石、腎功能不全、子宮蓄膿、前列腺肥大

診斷

F 有【內分泌系統疾病】的疑慮

狗狗隨著年紀的增長，由賀爾蒙調節身體的系統就無法正常發揮作用，賀爾蒙會開始紊亂，於是就容易罹患內分泌系統的相關疾病。

不想運動、發呆、易胖、毛質變差等等都是老犬常見的症狀，因此容易被忽略，但其實也許是甲狀腺賀爾蒙的減少而造成的。飼主每年都可以帶狗狗去抽一次血，藉由抽血來進行甲狀腺賀爾蒙的測定。

如果狗狗喝大量的水、尿量也很多，而且非常貪吃，有可能是罹患了副腎皮質機能亢進症或糖尿病；如果是副腎皮質機能亢進症，有時會出現雖不會疼痛，但左右邊有對稱性的掉毛或腹部漲大的症狀；如果是糖尿病，大多是無論怎麼吃都會日漸消瘦，倘若惡化，有時也會出現白內障或腎功能不全、昏睡等併發症。由於內分泌系統的疾病大多是惡化後才會察覺，為避免如此，建議讓狗狗定期接受檢查。

要留意的疾病
甲狀腺機能低下、副腎皮質機能亢進症、上皮小體機能亢進症、糖尿病

陪伴毛小孩，一起快樂到老

謝謝你來到我生命中

狗狗的一生，和人類相比非常地短暫，和狗狗一同生活，也就意味著離別的日子終將來到。飼主們都必須面臨與愛犬別離的時刻，在那天到來以前，飼主們要先做好心理準備。

如何讓心愛的狗狗直到最後一刻都感到幸福呢？還有，該如何與牠告別？這些都要事先和家人好好地討論，用對飼主及狗狗雙方都期望的方式好好地道別，才不會在事後留下遺憾。

CASE 7

16歲米克斯 栗子の生活

佐藤義則先生、葉子小姐
（居住於北海道札幌市）
栗子（米克斯犬／約莫16歲／母）
小花（米格魯／約莫12歲／公）

本文刊登於《愛犬之友》2009 年 12 月號

栗子從今年過年時開始臥床，大概兩年多前曾經發作過一次，還因此而突然倒下，那可能是一個導火線，接著就逐漸出現了失智症的症狀。牠會在屋內來回踱步，不慎鑽入電視或壁爐的空隙裡就出不來，而且變得易怒。飼主佐藤義則先生及葉子小姐夫婦，認為那是年紀的關係，在身邊默默地照顧牠，但症狀卻逐漸惡化。

在牠來回踱步的時候，夫婦倆在客廳圍一個長筒狀的網子，裡面鋪設不會打滑的地毯，設置了一個圓形的區塊給牠。可是數個月之後，牠已經無法自行站立。即使想站起來也會努力掙扎，還曾經因為用前腳搔抓後腳而血跡斑斑。在將牠放入現在固定位置的籃子裡時，一開始牠會在裡面掙扎，慢慢地，牠就一直倒臥在籃子裡了，為了避免栗子生褥瘡，一天要幫牠翻身好幾次。

其實佐藤先生家還有另一隻狗狗，他是米格魯小花，這兩隻狗狗都是原本迷了路被夫婦倆帶回家的。栗子和小花，是維持一點點距離的關係，小花似乎很介意栗子的存在，可能看到栗子的籃子很羨慕，看到空隙都會想鑽進去。栗子不喜歡這樣，所以就再多準備了一個小花專用的籃子。

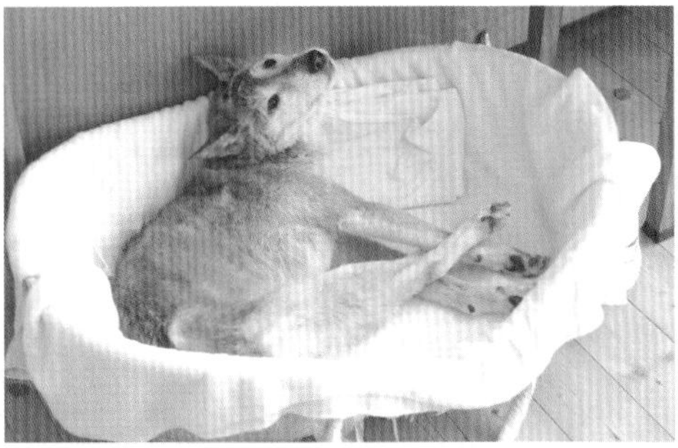

▲在籃內鋪上墊子入睡。

▲這是栗子的固定位置。裡面的籃子是米格魯小花專用。

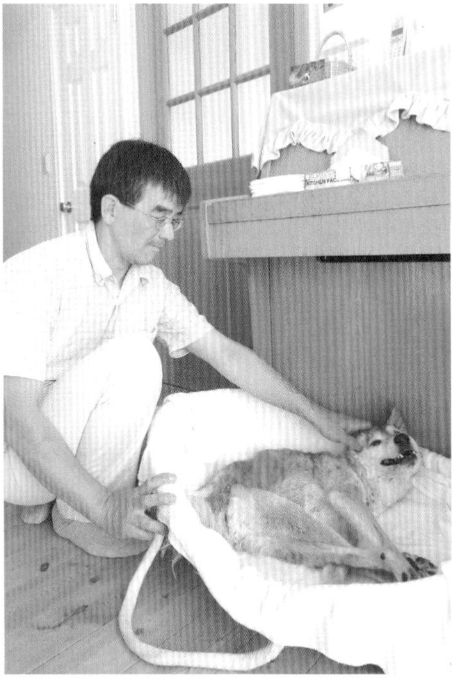

▲栗子最巔峰時的體重有 20kg，現在則掉了 7kg。

佐藤夫婦現在最大的煩惱就是狗狗會在半夜鳴叫。一開始是一到晚上就會開始叫，所以以為狗狗是因為變暗而害怕，就試著幫牠開燈。可是，牠還是叫個不停，以為牠是想尿尿，也曾經帶牠到外面如廁過。另外，只要觸摸牠的身體，有時牠就會停止鳴叫，但這個方法漸漸地也不再管用，試過各種方法，最後都徒勞無功，夫婦倆不斷地在重複嘗試不同方法，但都以失敗告終。

另外，客廳的格局是打通的，因此很容易有回音，夫婦倆要熟睡很困難。現在都是把牠放入洗手間，關上門讓牠入睡。如此叫聲有比較緩和一些，但這種情形還是讓夫婦倆很困擾。

有一次，葉子小姐很不可思議地發現：「早上起床之後，老公不見了。」原來老公曾經睡在自家附近停在停車場裡的露營車中。葉子小姐還覺得老公臨陣脫逃很不夠意思。

夫婦倆很愛露營，過去都會帶小栗和小花去各處玩耍。因為要照顧小栗，所以已經大概兩年沒出遠門了。兩年前最後一次的露營中，小栗在露營車中整個失控，之後就暫時不再露營了。

「栗子經常是在放空的狀態。」義則先生這麼說。佐藤夫婦在自家附近經營咖啡廳，中午會返家看

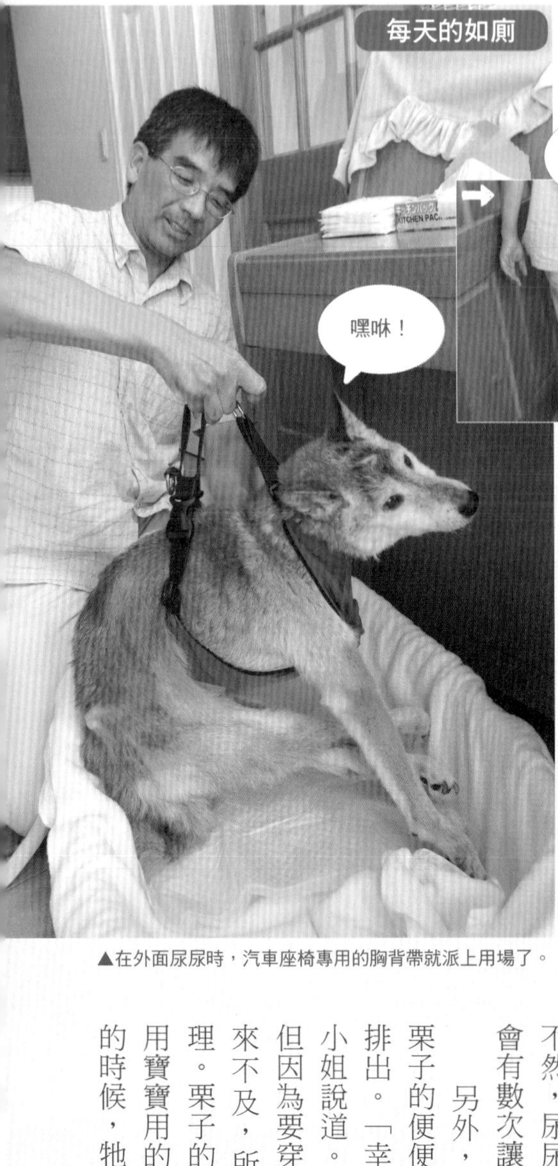

▲在外面尿尿時，汽車座椅專用的胸背帶就派上用場了。

▲替狗狗洗澡的時候，這個嬰兒浴盆很實用。

看牠的狀況，給予食物及水、帶牠尿尿再幫牠翻身之後，才會再度回到店裡。

兩人的作息，就是早上六點左右起床，更換鋪在籃內的墊子。為栗子裝上安全座椅用的胸背帶，往上提起往外走，栗子一被提起身體就會漏尿，可能是因為反射動作吧！因此要先打開大門，在抱住的瞬間盡速往外衝，不然，尿尿就會滴在室內，一天會有數次讓牠在外面尿尿。

另外，一天會有兩、三次，栗子的便便會在牠睡著的狀態下排出。「幸好不是腹瀉。」葉子小姐說道。雖然也試過紙尿布，但因為要穿穿脫脫，曾經因此而來不及，所以就用衛生墊來處理。栗子的身體弄髒的時候，就用寶寶用的浴盆幫牠洗澡，泡澡的時候，牠顯得很享受。

▲如果摸摸栗子的頭，栗子看起來就會很開心，牠會抬起頭來，與葉子小姐四目相交。

▲很有精神地跑來跑去的栗子，還曾經坐上獨木舟享受過大自然。

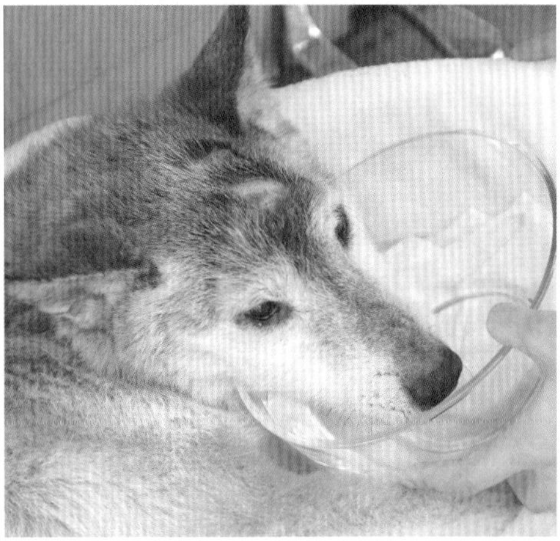

▲水會放入碗裡，湊到牠嘴邊給牠喝。

飲食原本是採用老犬用的乾飼料，現在則是罐裝的濕狗糧，一天餵兩次，牠都會狼吞虎嚥得吃完。水則是直接拿到牠的嘴邊，牠都會大口暢飲，因此都會慢慢地給牠喝。

「只要撫摸牠的臉，牠就會覺得很安心。」葉子小姐一邊說著，一邊不停地撫摸著栗子。而義則先生從栗子小的時候，就拍攝著牠的照片或影片。

「有時候，我會看看在栗子年輕時拍的錄影帶，以前還會一起爬山呢！」義則先生瞇起眼睛回憶。「因為不會再改善了，所以我們只能守護著牠，能讓牠不感到痛苦，並且感到安心，就是最棒的事了。」這就是夫婦倆的願望，夫婦倆正以溫暖的愛持續地守護著牠。

謝謝你，我生命中的天使

照護毛孩子的過程中，每一個平凡的時刻都顯得彌足珍貴。我們訪問了與愛犬經歷過離別的五位飼主，請教他們當時照護愛犬的心情，以及現在對愛犬的思念之情。

愛犬：莉莉（享年15歲）
飼主：橋本三千代小姐

15年來，莉莉帶給了我們全家滿滿的幸福。牠喜歡全家團聚，感受每個人的喜悅或憂傷，給了我們心靈上的撫慰。在牠快要去世的前兩天，牠用動作和我說：「跟我玩球嘛！」因為牠已經一週沒進食了，所以我就抱著牠和牠玩球，當時莉莉的毛髮、體溫、身體的重量，至今似乎還留在我的臂彎裡，深深地刻在我的腦海中。在莉莉去世的那瞬間，感覺牠好像溜進了我的心裡，至今仍如影隨形。當我來到當初莉莉最愛的箱根時，清楚見到有人向我跑了過來。莉莉留下了無法取代的狗友們，牠們是我無話不談、最摯愛的朋友們，我一直很感謝莉莉。莉莉在去世前的一週突然不吃不喝，打了點滴也會嘔吐，不過還算是有精神。那天牠在午睡的時候，就這樣走了，我原本還想要再照顧牠的。牠到最後一刻之前，都還是維持著牠一貫尊貴高傲的姿態，平靜地離世。

愛犬：Marron（享年15歲）
飼主：Marron媽

過去我經常讓我的愛犬獨自看家。有一次剛好我和老公都在家，牠就在我的臂彎裡像是睡著一般死去，當時我的心裡像是缺了一個洞，我原本不想通知任何人，只有家人來告別就好，但我的狗友們卻全都跑了過來，在和朋友慢慢聊天的過程中，我心裡的洞才又逐漸被填補起來。我深刻體會到，和他人一起分享悲傷並產生共鳴，有多麼重要。

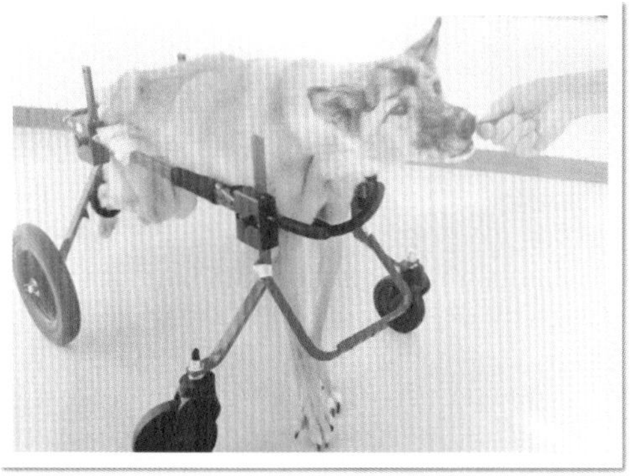

愛犬：小蘭（享年17歲）
飼主：日出子小姐

小蘭從15歲左右，腳腰開始衰弱，然後就無法自行站立了。為了讓牠恢復一些，我竭盡所能地讓牠進行整骨按摩或是針灸治療。陪伴了我們17年的小蘭逝去，那份孤單感雖然一直存在，但全家人一起面對小蘭衰老的那段時光，是一段無法取代的重要回憶。

愛犬：小光（享年14歲）
飼主：典子小姐

自從小光在九月去世之後，我只要看到柴犬，那種悲傷的感覺就又會湧上心頭。有一天，我看到「九月出生的柴犬寶寶徵求飼主」的消息，就覺得也許是小光重新投胎，於是就前往認養，但那個孩子已經有人願意飼養了，經由他人的建議，我找到另一隻眼神跟小光極為相似的柴犬。因為小光的關係而迎接新的毛孩子來到家中，我終於能轉以開朗的心情來回憶小光了。

愛犬：紅豆（享年12歲）
飼丰：小梅媽

當我寫信告知從小看著紅豆長大的狗友們紅豆過世的事，大家馬上就聚集過來，談論一些愉快的回憶來安慰我。在牠過世的那晚，我一邊守夜一邊獨自放聲大哭，宣洩悲傷的情緒。失去愛犬的悲傷雖然無藥可治，但當我悲傷的時候，我會盡量去回想和牠相處時的愉快回憶，讓自己好過一些。

生活樹系列011

老犬生活完全指南：
史上最完備、最專業的高齡犬居家照護全書

編　　著	愛犬之友編輯部
監　　修	佐佐木彩子
譯　　者	林芳兒
總 編 輯	吳翠萍
副 主 編	王琦柔
助理編輯	周惠儀
封面設計	張天薪
內文排版	菩薩蠻數位文化有限公司
日本原書團隊	編輯 愛犬之友編輯部、石原美紀子、大田仁美／設計 松永路／插畫 海老澤希譽巳／攝影 湯山繁、橋本浩美、宮島折惠／協助 長友心平

出版發行	采實出版集團
總 經 理	鄭明禮
業務部長	張純鐘
企劃業務	賴思蘋、簡怡芳、張世明
法律顧問	第一國際法律事務所　余淑杏律師
電子信箱	acme@acmebook.com.tw
采實官網	http://www.acmestore.com.tw/
采實文化粉絲團	http://www.facebook.com/acmebook

I S B N	978-986-5683-15-3
定　　價	320元
初版一刷	2014年10月1日
劃撥帳號	50148859
劃撥戶名	采實文化事業有限公司 100台北市中正區南昌路二段81號8樓 電話：（02）2397-7908 傳真：（02）2397-7997

國家圖書館出版品預行編目資料

老犬生活完全指南／愛犬之友編輯部編著；佐佐木彩子監修；林芳兒譯. - - 初版.
- - 臺北市：采實文化, 2014.10
面；　公分. --（生活樹系列；11）
ISBN　978-986-5683-15-3（平裝）
1.犬　2.寵物飼養
437.354　　　　103012589

廣	告	回	信
台北郵局登記證			
台北廣字第03720號			
免	貼	郵	票

采實文化 ACME PUBLISHING　采實文化事業有限公司

100台北市中正區南昌路二段81號8樓

采實文化讀者服務部　收

讀者服務專線：（02）2397-7908

如果有一天，
你再也走不動了，
我會一直陪著你，
一起幸福終老。

最開心の

老犬生活完全指南

狗狗7歲就開始老化
你是否準備好迎接愛犬老去

飲食、排泄、失智照顧……，史上最完整的老犬照顧手冊

愛犬之友編輯部 編著
佐佐木彩子 監修　林芳兒 譯

犬もよろこぶシニア犬生活

系列專用回函

系列：生活樹系列011
書名：老犬生活完全指南

讀者資料（本資料只供出版社內部建檔及寄送必要書訊使用）：

1. 姓名：
2. 性別：□男　□女
3. 出生年月日：民國　　年　　月　　日（年齡：　　歲）
4. 教育程度：□大學以上　□大學　□專科　□高中（職）　□國中　□國小以下（含國小）
5. 聯絡地址：
6. 聯絡電話：
7. 電子郵件信箱：
8. 是否願意收到出版物相關資料：□願意　□不願意

購書資訊：

1. 您在哪裡購買本書？□金石堂（含金石堂網路書店）　□誠品　□何嘉仁　□博客來
   □墊腳石　□其他：____________________（請寫書店名稱）
2. 購買本書日期是？______年______月______日
3. 您從哪裡得到這本書的相關訊息？□報紙廣告　□雜誌　□電視　□廣播　□親朋好友告知
   □逛書店看到　□別人送的　□網路上看到
4. 什麼原因讓你購買本書？□對主題感興趣　□被書名吸引才買的　□封面吸引人
   □內容好，想買回去試看看　□其他：____________________________________（請寫原因）
5. 看過書以後，您覺得本書的內容：□很好　□普通　□差強人意　□應再加強　□不夠充實
6. 對這本書的整體包裝設計，您覺得：□都很好　□封面吸引人，但內頁編排有待加強
   □封面不夠吸引人，內頁編排很棒　□封面和內頁編排都有待加強　□封面和內頁編排都很差

寫下您對本書及出版社的建議：

1. 您最喜歡本書的特點：□插圖可愛　□實用簡單　□包裝設計　□內容充實
2. 您最喜歡本書中的哪一個章節？原因是？

____

____

3. 本書帶給您什麼不同的觀念和幫助？

____

____

4. 您希望我們出版哪種寵物相關書籍？

____

____